中国有机水稻标准化生产
十大关键技术与应用模式创新
企业 范例

金连登　刘光华　童朝亮　赵建文　李润东　主编

李　鹏　卢明和　杨　凯　刘子雁
王　伟　杨丽丹　潘柏妹　张仁祥　副主编

中国农业科学技术出版社

图书在版编目（CIP）数据

中国有机水稻标准化生产十大关键技术与应用模式创新：
企业范例／金连登等主编 . --北京：中国农业科学技术出版社，
2024.1
ISBN 978-7-5116-6694-9

Ⅰ.①中… Ⅱ.①金… Ⅲ.①水稻栽培 Ⅳ.①S511

中国国家版本馆 CIP 数据核字（2024）第 026003 号

责任编辑 史咏竹
责任校对 马广洋
责任印制 姜义伟 王思文

出 版 者 中国农业科学技术出版社
北京市中关村南大街 12 号 邮编：100081
电 话 （010）82105169（编辑室） （010）82106624（发行部）
（010）82109709（读者服务部）
网 址 https://castp.caas.cn
经 销 者 各地新华书店
印 刷 者 北京地大彩印有限公司
开 本 170 mm×240 mm 1/16
印 张 14.5
字 数 251 千字
版 次 2024 年 1 月第 1 版 2024 年 1 月第 1 次印刷
定 价 68.00 元

《中国有机水稻标准化生产十大关键技术与应用模式创新：企业范例》编委会

主　　编：金连登　刘光华　童朝亮　赵建文
　　　　　李润东

副 主 编：李　鹏　卢明和　杨　凯　刘子雁
　　　　　王　伟　杨丽丹　潘柏妹　张仁祥

参编人员（排名不分先后）：

　　　　　赵　凯　夏金云　李勤云　李玲霞
　　　　　唐崇德　杨　超　刘　杨　刘艳强
　　　　　林雨菲　宋虎彪　郝彦琦　李金玲
　　　　　罗元意　谢　安　孙全礼　沈建平
　　　　　代纪坤　蔡庆尧　陈彬彬　马武葳
　　　　　王金宏　杨子龙　刘　辉　朱小林
　　　　　赵旭光　胡　敏　沈晓昆　王新华
　　　　　杨　硕　权建设　熊艺霖

主　　审：吴树业　唐福泉　章林平　梁中尧
审　　核：林晶晶　程玉芬　王燕芬　吕永杰

本书获得瑞安市科学技术协会（科普）学术著作出版项目资助

前　言

　　《中国有机产品认证与有机产业发展（2023）》显示，经认证的中国有机水稻生产面积 2022 年已达 35.9 万 hm²，认证的有机稻谷有 216 万 t，已展现出良好的发展势态。但总体而言，有机水稻生产还存在各稻区生产实体标准化实施不平衡、因地制宜的风险控制不平衡、生产技术方式应用不平衡、产业提质增效措施不平衡等现象，与新时代中国式现代化建设和推动产业高质量发展的高标准要求仍有较大差距，也会对有机水稻生产的整体转型升级和可持续发展产生不利影响。为此，编者在多年从事有机水稻生产指导的过程中，在全国发掘出一批长期从事有机水稻生产标准化实施和关键技术应用、注重模式创新及品牌打造并取得良好成效的企业典范，组织编写《中国有机水稻标准化生产十大关键技术与应用模式创新：企业范例》，以期推广有机水稻不同产区实施标准化生产关键技术与应用模式创新的成功经验，期待有助于从事有机水稻生产的新老企业和服务型实体从中得到启示。同时，也期待本书能成为有机水稻生产实体的作业指导书，有机认证机构及检查员的专业参考书，以及研学机构和农业技术推广单位的培训教科书。更期待以此书为起点，在全国打造一批有机水稻产业界的诚信企业和有机水稻"真品农人"，共同为中国有机水稻产业的转型升级与可持续发展作出贡献！

　　本书依据水稻生产的专业特性和产业发展需求，立足于有机生产的标准化和全程技术应用，共分为 4 章。第一章为"中国有机水稻生产与发展概况"，由中国水稻研究所金连登研究员、盐城生物工程高等职业技术学校童朝亮研究员、仲恺农业工程学院刘光华副教授等主笔编写；第二章为"有机粳稻生产企业技术应用与模式创新典范案例选编"，第三章为"有机籼稻生产企业技术应用与模式创新典范案例选编"，第四章为"有机水稻生产技术支撑服务型企业典范案例选编"，这3章分别由入编的生产企业组织编写，此外，中绿嘉泰（北京）认证有限责任公司和丹阳嘉贤神州有机稻米标准化发展中心的李鹏总经理和刘福坤主任，以及瑞安市农学会郑晓微会长等也参与了案例的汇编。本书的主审由有机水稻生产资深技术专家吴树业研究员，以及唐福泉高级农艺师、梁中尧研究员等担任。林晶晶、程玉芬、王燕芬等专业人员参与了书稿的审核。本书是2019年由金连登研究员领衔主编的专著《中国有机水稻标准化生产十大关键技术集成应用模式指南》的续篇，突出了生产企业关键技术应用与模式创新的做法，以及其取得的成效。

本书在编写过程中得到了中国农业科学院、中国水稻研究所、中国绿色食品协会稻米产业专业委员会、中国大米网、盐城生物工程高等职业技术学校、韶关市华实现代农业创新研究院、瑞安市科学技术学会及端安市农学会等单位领导、专家、学者的悉心指导与支持，同时受到了全国各地一大批有机水稻产学研界人士的关注及帮助，使参编人员深受鼓舞，更加信心百倍地来用心编写此书。在此，一并表示敬意和感谢！

由于编写时间仓促，编写人员水平也有差异，书中难免存在不妥之处，敬请广大读者批评指正。

编委会

2023 年 9 月

目　录

第一章

中国有机水稻生产与发展概况

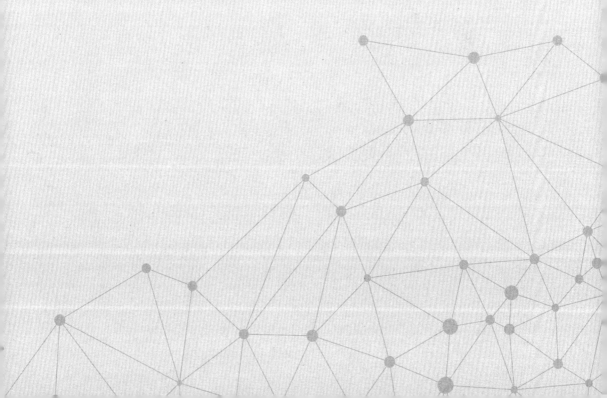

中国有机水稻生产发展基本状况

一、有机水稻的生产分布与发展占比

国家市场监督管理总局和中国农业大学编写的《中国有机产品认证与有机产业发展（2023）》显示，截至 2022 年我国经认证的有机水稻的生产面积为 35.9 万 hm^2，年产有机稻谷 216 万 t（包括部分有机转换期稻谷），若加工成有机大米，约为 120 万 t；有机稻谷生产面积在全国有机谷物中列第二位，占 24.6%；有机稻谷产量在全国有机谷物总量中占 16.1%。

中国绿色食品协会有机农业专业委员会编写的《中国有机水稻标准化生产十大关键技术与集成应用模式创新指南》显示，中国有机水稻种植，可依据实际生产状况分为 6 个稻区，即东（华）北稻区（黑、吉、辽、内蒙古、冀、京、津），西北稻区（宁、新、陕、甘、青），华东稻区（沪、苏、浙、鲁、赣、闽），华中稻区（豫、晋、湘、鄂、皖），华南稻区（粤、桂、琼、台、港、澳），西南稻区（滇、贵、川、渝、藏）。其中，东（华）北稻区和西北稻区均为有机粳稻产区，种植面积约占全国总面积的65%；华东、华中、华南、西南稻区有一部分为有机粳稻和籼稻混种产区，种植面积（含复种面积）约占全国总面积的35%，少数省份为有机水稻双季籼稻栽种地。全国有机粳稻、籼稻种植比例大约为 3∶1。

中国有机水稻产业是伴随改革开放、农业生产结构调整、"无公害食品行动计划"，以及拉动消费的新形势而发展起来的，也是世界有机农业和有机食品行业迅猛发展促进的结果。

中国水稻研究所和中国农业科学院农业质量标准与检测技术研究所2004 年编著的《中国有机稻米生产加工与认证管理技术指南》显示，至2003 年全国经认证的有机稻米生产面积为 2 万 hm^2 左右。中国国家认证认可监督管理委员会编写的《中国有机产业发展报告》显示，2013 年中国有机水稻生产面积达 17.1 万 hm^2。据此测算，2003—2013 年，有机水稻生产面积增长了 8.55 倍。2022 年，中国有机水稻生产面积已达 35.9

万 hm²，比 2003 年增长了近 18 倍，有机水稻生产面积占全国水稻生产总面积（约 3 000 万 hm²）的 1.2%左右。

二、有机水稻生产中的主要风险分析

中国有机水稻生产分布广、类型多、差异大，生产风险因素较多。主要有三大类风险：一是生产的必要条件保障性有差异；二是关键技术集成应用不到位；三是生产全程质控管理手段有缺口。为此，需要提高风险意识与管控，推行全程标准化生产、标准化管理、标准化技术应用，以控制有机水稻生产中的各类风险。

中国水稻研究所专业创新团队经 20 余年的研究，分析概括了以下三大生产环节的风险要素。

（一）产初阶段风险要素

1. 生产单元产地条件与管控

该风险关键点有 4 个节点须关注：一是产地稻田基础条件，包括基地建设基本条件、灌排水分设条件、生产必备的设施条件等。二是产地生态与环境条件，包括水土保持条件，生物多样性条件，土壤、灌溉水、空气等环境质量持续达标条件等。三是产地缓冲带（隔离带）设置条件，包括天然屏障构筑条件、物理屏障建设条件、划设不同作物种植缓冲区条件等。四是产地人力资源配备条件、物资配置条件、财政支撑条件等。

2. 种子（品种）选择与育秧管控

该风险关键点有 4 个节点须关注：一是有机水稻种子（品种）选择，包括市场采购的商品化常规种子（非有机种子）的适宜性，生产者自繁自育并自用种子的适合性，以及种子（品种）性状变异和退化的不稳定性等。二是育秧的方式方法，包括种子消毒处理方式的符合性，育秧苗床基质土选用的适合性，以及育秧中的杀菌控病虫方法的准确性等。三是秧田的管理方法，包括水育秧方法的稳妥性，湿润育秧方法的适合性，旱育秧方法的正确性，以及工厂化育秧方法的先进性。四是大田移栽及管理方式，包括人工移栽或抛秧方式的适合性，机械化移栽方式的适宜性，以及大田移栽后苗期管控措施的准确性等。

3. 农家堆（沤）制肥料管控

该风险关键点有 3 个节点须关注：一是肥料原料来源，包括动物性粪肥原料来源，植物性物料来源，以及掺入微生物菌剂或泥土的来源等。二是堆（沤）制肥料的方式，包括各类原料的配方，堆（沤）制技术方法的采用，以及堆（沤）制的操作步骤与时间控制等。三是堆（沤）制肥料的质量要求，包括肥料中碳氮比的适合性，肥料堆（沤）制的腐熟程度，以及符合相关标准规定的检测与评价报告等。

（二）产中阶段风险要素

1. 有机稻田培肥与科学合理施肥管控

该风险关键点有 3 个节点须关注：一是以培养地力为核心的培肥方法，包括采取农艺组合措施的适宜性，依据稻田土肥力本底配肥方法的合理性，以及采取"种养结合"或"水旱轮作"等多种模式的妥善性等。二是稻田适用肥料施用的精准方法，包括施用肥料种类的符合性，水稻生长营养需求肥料用量的科学性，以及肥料营养成分的合理性等。三是补充性商品肥料选购及施用的方法，包括商品性肥料的准用性，商品性肥料肥效的符合性，以及商品性肥料施用量的合理性等。

2. 病虫害防控

该风险关键点有 3 个节点须关注：一是病虫害因地制宜测报与防控的针对性，包括发生规律预判、防控措施预设、重大侵害处置预案等。二是病虫害防控技术应用的组合性，包括农业措施的有效性、物理措施的适合性、生物措施的正确性、人工措施的补充性等。三是病虫害防控药剂选择使用的合规性，包括药剂品种的符合性、药剂用量的合理性、药剂用后的效果等。

3. 稻田草害防控

该风险关键点有 2 个节点须关注：一是稻田草害防控技术应用选择的合理性，包括区分杂草与草害的相关性，树立有机农业的新型杂草观，以及重要大田草害防控的预案等。二是稻田草害防控技术应用的多样性，包括因地制宜的针对性，大田草害防控技术应用的前置性，以及大田草害发生后防控技术应用方法及模式的合理性等。

4. 有机稻田轮作与休耕措施

该风险关键点 2 个节点须关注：一是有机稻田轮作与休耕选择的适合性，包括因地制宜选择冬闲稻田休耕方法的合理性，因地制宜选择两种作物以上轮作的必要性，按年度或按茬期对部分稻田轮作与休耕轮换措施的适合性等。二是有机稻田轮作方法选择的符合性，包括对应 GB/T 19630

《有机产品　生产、加工、标识与管理体系要求》规定的轮作作物品种数量达标，实施轮作的作物有机管理达标，以及轮作作物产品收获后去向追踪达标等。

(三) 产尾阶段风险要素

1. 有机稻田秸秆处理技术管控

该风险关键点有 3 个节点须关注：一是稻草秸秆的处理方式合理性，包括现场露天堆垛的可行性，现场露天焚烧的违规性，以及机械收割后的稻草秸秆去向的合理性等。二是稻草秸秆还田的科学性，包括有机稻草秸秆返还有机生产单元稻田内循环的合理性，非有机稻草秸秆用于有机生产单元稻田的违规性，以及稻草秸秆还田方式的适用性等。三是稻草秸秆资源化利用的有效性，包括资源化利用方式的多元性，资源化利用在有机生产体系内循环的特征性，以及资源化利用的可追溯性等。

2. 稻谷收获与干燥处理管控

该风险关键点有 2 个节点须关注：一是稻谷收获方式选用的合理性，包括采用机械或人工收获方式的适宜性，有机与非有机稻谷有收获时防混杂措施的可行性等。二是收获后稻谷干燥方式的科学性，包括采用自然干燥方式与加热烘干方式的适宜性，干燥过程中防止有机与非有机稻谷混杂措施的合理性，以及加工烘干设备使用燃料时防污染措施的可行性等。

3. 稻谷贮存与品质保障方式的适合性

该风险关键点在 2 个节点须关注：一是有机稻谷贮存方式的合理性，包括贮存场所条件的规范性，常温与冷链贮存的区别性，以及贮存时间长短的可追溯性等。二是保障有机稻谷品质与食用安全，包括选用保品质、保新鲜度、保食用安全技术措施的合理性，开展定期监测与评价的可溯源性，以及对出库销售或加工的贮存稻谷提供合格检测结果的及时性等。

综上所述，我国有机水稻生产存在的主要风险分析可分为三大生产环节、10 个风险关键点、26 个节点的关注事项。为此，需要对照 GB/T 19630《有机产品　生产、加工、标识与管理体系要求》和 NY/T 2410《有机水稻生产质量控制技术规范》要求，研究相应适用技术方案和有效的管理措施，尽力减轻并大力化解生产过程各环节的风险因素。

三、2012—2022 年有机水稻产业发展影响力较大的事件

中国有机水稻生产及产业发展在 2012—2022 年的十年中得到了国家及地方各级各类机构的指导。其中，有较大影响力的十大事件如下。

第一，GB/T 19630—2011《有机产品》于 2011 年经第一次修订发布，于 2012 年实施后，又经 2019 年第二次修订，在 2020 年 1 月 1 日实施，目前执行的是 GB/T 19630—2019《有机产品　生产、加工、标识与管理体系要求》。该标准的两次修订和实施，对体现中国的有机农业及产业发展既与国际接轨又符合中国国情具有重要作用。同时，对全国有机水稻生产及认证规范化也具有现实的督导意义。

第二，2012 年 10 月，中国绿色食品发展中心与四川省成都市人民政府等机构联合在成都市主办了"第二届亚洲有机稻农大会"，并同步在大会上开展了"首届亚洲有机大米好食味金奖"评选活动。其不仅扩大了中国有机水稻产业的国际影响力，而且对全国有机水稻生产的发展具有引导作用。

第三，2013 年 9 月，NY/T 2410—2013《有机水稻生产质量控制技术规范》由农业部①发布并于 2014 年 1 月实施。该标准由中国水稻研究所联合中国绿色食品协会有机农业专业委员会等机构共同起草。该标准发布后随即在浙江杭州市举办了"全国首期有机水稻生产技术标准宣贯培训班"，由该标准编制专家团队对标准内容进行讲解与指导。该标准成为中国有机农业领域首个全程指导水稻生产的专业技术标准，对全国有机水稻标准化生产具有通用性指导意义。

第四，自 2013 年起，农业部绿色食品管理办公室启动了"全国有机农业示范基地"的申报与认定工作。在开始的 3 年时间中，先后有内蒙古②、宁夏③、广西④、重庆、广东等省（区、市）的 6 家生产集群（企业）经申报与考核，被认定为首批"全国有机农业（水稻）示范企业"。此举开

---

① 中华人民共和国农业部，全书简称农业部。2018 年国务院机构改革，将农业部的职责整合，组建中华人民共和国农业农村部，简称农业农村部。

② 内蒙古自治区，全书简称内蒙古。

③ 宁夏回族自治区，全书简称宁夏。

④ 广西壮族自治区，全书简称广西。

启了全国有机水稻标准化生产与示范的推进工作，扩大了有机水稻生产发展的全国影响力。

第五，2014 年 12 月，中国水稻研究所编著的《国家农业行业标准 NY/T 2410〈有机水稻生产质量控制技术规范〉解读》由中国农业科学技术出版社出版。该著作全面描述了 NY/T 2410 的条款内容、实施意义、指导作用等。其对适用的技术措施应用、控制生产风险并强化全程质量控制等具有重要的促进作用。

第六，2015 年 7 月，农业部科技发展中心、中国农业科学院质量标准与检测技术研究所（农业部农产品质量标准研究中心）、中国水稻研究所共同在江苏丹阳市举办了"首届全国有机水稻标准化生产与推进发展研讨会"。全国有 20 多个省（区、市）的 200 多人参会并聆听了专家演讲，开展了专业研讨并现场考察了江苏嘉贤米业有限公司的有机水稻标准化生产基地。该研讨会对推进全国有机水稻生产的标准化实施、技术方法的应用、产业化发展等发挥了引导作用。

第七，2015 年、2016 年、2019 年由中国水稻研究所、中国绿色食品协会有机农业专业委员会牵头组织了国内相关有机水稻产学研融合机构，共同编著了《有机稻米生产与管理》《有机稻田培肥与科学精准施肥技术应用指南》《中国有机水稻标准化生产十大关键技术与集成应用指南》3 本技术专著，并分别由中国标准出版社、中国农业科学技术出版社出版发行。该三本专著对应 GB/T 19630、NY/T 2410 中的相关规定，在技术层面对有机水稻的生产具有直接的操作指导作用。

第八，2018 年 10 月，应国际有机农业亚洲联盟邀请，由中国绿色食品协会有机农业专业委员会和中国水稻研究所稻米产品质量安全风险评估研究中心共同组团 30 多人，出席了在菲律宾举办的"第六届亚洲有机稻农大会"。中国出席代表中有 6 位产学研界的学者、专家、企业家（稻农）在大会上作主旨报告和专题报告，进一步地增强了中国有机水稻产业在国际上的话语权，扩大了影响力，提高了专业地位。

第九，2020 年 6 月，习近平总书记在宁夏考察期间，专程赴贺兰县的"全国有机农业（水稻）示范基地"核心基地——宁夏广银米业有限公司有机水稻生产基地"稻渔空间"视察，在现场亲手放养了鱼苗，并指出"这个地是个好地方"，这使全国有机水稻产业界受到了极大的鼓舞。

第十，2022 年 8—9 月，由科技部①批准设立的"稻米精深加工产业技术创新战略联盟"首次在全国开展"稻米精深加工产业技术创新示范企业"誉名的评授工作。在申报并批准评授的 8 家企业中，有 7 家是国内有机水稻生产和精深加工一体化龙头企业。这对有机水稻界在实施标准化生产与技术应用创新的基础上，促进精深加工产业延伸具有重要的引导作用。

---

① 中华人民共和国科学技术部，全书简称科技部。

有机水稻生产的十大关键技术及集成应用情况

一、有机水稻生产十大关键技术的由来

中国有机水稻生产是以 1997 年年底经国家环境保护总局①有机食品发展中心（OFDC）在江苏省南京市溧水县（今溧水区）颁发有机水稻认证证书为起点。有机水稻生产十大关键技术是由中国水稻研究所的科技创新专业团队经 20 余年的研究与实践概括形成，实现了以下 3 个重要的对接点。

（一）与生产试验对接

自 1998 年开始，在中国水稻研究所蔡洪法所长的倡导并支持下，科技创新专业团队就开始研究国际有机农业与有机食品的相关文献及标准文本，1999 年年底完成了 FAO/WHO（联合国农业与粮食组织/世界卫生组织）食品标准《有机食品生产、加工、标识和销售指南（AC/GL32—1999）》中文翻译文本，并上报了农业部的主管部门。

2000 年 3 月，中国水稻研究所在浙江省金华市汤溪镇与当地农业技术推广部门联合，共建了 16.8 hm² 的有机水稻生产与技术研发应用试验基地，启动了按照 AC/GL32—1999 标准开展"有机水稻生产方式和无化学物质使用的相关生产标准构建及适用生产技术应用"的试验研究。经过 2 年的生产试验，取得了良好的效果，不仅探索了有机水稻生产的技术，而且 2001 年还获得 OFDC 颁发的有机食品认证证书，成为浙江省的第一个经认证的有机稻米基地。为此，浙江省质量技术监督局还于 2001 年专项交付中国水稻研究所主持编制省级地方标准《有机稻米》5 个系列标准的任务（该标准编号为 DB33/T 366，于 2002 年 6 月发布实施），该标准也是中国第一个有机水稻的省级地方标准。

（二）与技术集成研究对接

中国水稻研究所的科技创新专业团队在浙江金华生产试验并取得成功

---

① 2018 年国务院机构改革，组建中华人民共和国生态环境部，不再保留国家环境保护总局。

经验的基础上，从 2002 年开始又相继在江苏、广东、贵州、云南、安徽、辽宁、吉林、黑龙江、内蒙古、宁夏等 10 余个省（区）20 多个有机水稻生产基地开展有机水稻生产基地的标准化建设与技术集成合作研究，取得了良好的研究成效。除在 2001 年第 9 期《农村经济导刊》率先发表了论文《浙江怎样发展有机稻米》外，自 2002 年开始，先后在《中国稻米》《浙江农业科学》《粮油加工》《粮食与饲料工业》《生态农业》《中国食物与营养》《农产品质量与安全》等期刊上发表了《有机稻米生产的基本技术要素及市场前景浅述》《有机稻米基地建设及生产过程控制技术简述》《有机稻米生产技术应用研究》《我国有机稻米生产发展的策略研究》《我国有机稻米生产发展的有利条件、不利因素及对策研究》《我国有机稻米生产的技术保障链现状及推进展望》《有机水稻的标准化生产与风险控制》等技术性论文。至 2015 年，除发表论文 30 多篇外，还编写了技术性著作 4 本。该专业团队通过与生产企业合作研究，已基本形成了对我国有机水稻生产技术应用研究的架构，并可成体系地开展指导生产与咨询服务。

（三）与标准编制及应用提炼对接

中国水稻研究所的科技创新专业团队在 2002 年完成了浙江省地方标准《有机稻米》的基础上，于 2011 年又承担了由农业部下达的《有机水稻生产质量控制技术规范》农业行业标准的组织编写任务。该专业团队的编写人员参照欧盟、美国、日本等发达国家或行业组织的标准，结合 10 余年来开展有机水稻生产技术集成应用的有效结果和中国有机农业刚刚起步的现状，以全程质量控制立题，以技术控风险立意，以规范运作立标，对应生产过程的七大环节，即品种选择、种植茬数、轮作方式、栽培措施、病虫草害防治、收获处理、贮藏要求，描述技术应用方法，最终，该标准在 2012 年完成上报，2013 年 5 月通过专家组的评审，并在 2013 年 9 月由农业部发布实施。

自上述农业行业标准发布实施后，该专业团队还在全国合作建立了 30 多个推广应用的产学研融合发展"实验基地"，举办了多次研讨会、现场会，以技术提升为对接原则，从中提炼并完善了相关的技术要素和延伸拓展的补充性技术手段，使其关键技术及应用模式创新的技术要素构架日趋成熟。

二、有机水稻生产十大关键技术的形成

有机水稻生产十大关键技术的形成，是集专业研究、生产试验、实践总结、交流提升于一体的循环渐进过程，2019 年 9 月，中国水稻研究所专业团队编写的《中国有机水稻标准化生产十大关键技术与集成应用模式指南》出版，至此，有机水稻生产十大关键技术经 20 年时间的研究正式形成，在此，可以概括为以下 3 个形成路径。

（一）对应有机水稻生产的持续试验总结而形成

中国水稻研究所的科技创新专业团队从 1999 年在浙江金华的合作生产基地试验开始，到编制完成浙江省地方标准《有机稻米》，再到在全国十多个省（区）的选点建设实验（试验）基地，继而参与编写技术专著，到编制完成国家农业行业标准《有机水稻生产质量控制技术规范》，又撰写发表了一批专业论文并举办交流、研讨、培训会议等，从中持续开展试验分析和总结，得出了有机水稻生产全程以控制风险为重点的各环节关键技术要素归纳。为此，在 2018 年 12 月形成了《有机水稻生产质量控制关键技术应用研究项目总结报告》，提交给中国作物学会组织的、以中国工程院张洪程院士领衔的专家组进行成果评价验收，得到了专家组"该成果总体达到国际同类先进水平"的评价。该项成果的取得也得益于相关实验（试验）基地的产学研界企事业单位积极参与。

（二）对应有机水稻技术标准条款规定分析概括而创立

在不断试验分析和总结的基础上，对于有机水稻生产技术要素的创立，更须对应相关技术标准的条款规定来编写。为此，该专业团队立足于参与 3 个相关标准的对应性研究。

一是 2002 年发布实施的浙江省地方标准 DB33/T 366—2002《有机稻米》（第 1 部分：生产基地及环境要求；第 2 部分：生产技术规程）。在这个标准中规定了生产基地的基本要求（含有机转换期生产基地的基本要求）、环境质量要求，以及有机水稻生产基地的生产技术要求（共 6 项）、管理要求（共 9 项）。

二是国家标准 GB/T 19630—2005《有机产品》、GB/T 19630—2011《有机产品》的两个版本中都一致规定了"植物生产单元范围"和"植物生产"从产地到运输 11 个环节的通则性要求（含生产全程的技术应用要

求）。在中国水稻研究所科技创新专业团队研究形成有机水稻生产的十大关键技术时，新修订发布的 GB/T 19630—2019《有机产品　生产、加工、标识与管理体系要求》尚未发布并实施，故以对应 GB/T 19630—2011《有机产品》的有效实施标准为版本。

三是中华人民共和国农业行业标准 NY/T 2410—2013《有机水稻生产质量控制技术规范》。在这个标准中，以体现水稻专业为特征，较系统地规定了有机水稻生产中的质量控制风险要求、质量控制技术与方法、质量控制的管理要求。重点突出了有机水稻生产过程从品种到贮存的七大环节技术应用需求及方法。同时，阐明了应从质量控制管理要求来实现技术措施的保障。为此，该标准也为有机水稻生产十大关键技术的创立与形成提供了重要支撑。

（三）对应编写并出版技术专著而优化

中国水稻研究所科技创新专业团队于 2018 年初设立了"有机水稻生产技术与集成应用"技术专著的编委会，吸收了全国范围内的从事有机农业和有机水稻专业的专家、学者、生产企业家等参与其中，以设定专著各章节分工协作和共同编写的方式，重点突出已研究创立的十大关键技术与应用模式，并注重因地制宜地对应优化。经研究，有机水稻标准化生产十大关键技术与应用模式确定如下：①有机水稻生产单元产地条件与管控技术及应用模式要点；②有机水稻种子（品种）选用与育秧技术及应用模式要点；③农家肥堆（沤）制技术及应用模式要点；④有机稻田培肥与科学精准施肥技术及应用模式要点；⑤有机水稻生产的病虫害防控技术及应用模式要点；⑥有机稻田杂草防控技术及应用模式要点；⑦有机稻田休耕和轮作综合技术及应用模式要点；⑧有机稻田秸秆处理技术及应用模式要点；⑨有机稻谷收获与干燥技术及应用模式要点；⑩有机稻谷贮存与保质技术及应用模式要点。2019 年 7 月，《中国有机水稻标准化生产十大关键技术与集成应用模式指南》一书由中国标准出版社出版发行。

三、有机水稻生产十大关键技术的应用与作用发挥

《中国有机水稻标准化生产十大关键技术与集成应用模式指南》技术专著的编写、出版、发行，受到了全国有机水稻产业界的极大关注。其不仅填补了我国在有机农业发展中对应专业技术集成及应用指导的空白，而

且对有机水稻的全程标准化生产与集成技术应用具有通用性参考作用。

（一）应用的原则

有机水稻生产中十大关键技术应用须把握好以下 4 个原则。

1. 因地制宜应用原则

有机水稻生产的区域广泛，受各种有利因素和不利因素的影响会较大。因此，在生产中对相关技术要素的应用，必须坚持因地制宜原则。例如，在有机稻田中养殖福寿螺以控草害，在宁夏稻区有成功经验，但在广东稻区就不宜，否则福寿螺会成灾，影响生态环境和水稻生产。又如，冬季有机稻田北方可休耕，但在南方除休耕外，必须实行轮作。

2. 单项技术与集成应用原则

有机水稻生产的十大关键技术是标准化实施中的通用性要求，但在生产应用中是突出单项技术的适用，还是将十大关键技术中的多项或全部集成应用，就必须结合生产单元的现实基础与条件，加以区别性、差别性或系统性、综合性对待。必须防止"一刀切"式应用。

3. 与有机产品认证要求对接原则

有机水稻生产的十大关键技术的概念及要素形成，本身就来自 GB/T 19630 的要求和 NY/T 2410 的专项规定，其在生产中的应用必须对接。例如，依据标准规定的认证要求，商品类有机肥料及植保物质使用，须有政府主管机关颁发的"登记证"和有机认证机构颁发"评估证书"，这样才能认可为"适用"，否则，就不符合有机产品认证的要求。

4. 实施应用模式创新原则

有机水稻生产的十大关键技术重在因地制宜的应用，因此，对于有机水稻生产单元应实施应用模式的创新。是单项技术与多项技术的"1+X"应用模式，还是"一技为主，多技结合"的应用模式等，取决于在创新理念下结合自身实际的属地实施。例如，"稻鸭共育技术"有围网式、24h 全天候与稻共生存式、早晚放收式等；又如，农家肥的堆（沤）制技术应用或施用方法，必须立足自身特色而有创新地选用，决不能照抄照搬。

（二）应用的基本状况

当前有机水稻生产十大关键技术的应用主要在以下 3 个领域。

一是生产企业的应用。目前一大批有机水稻生产的企业，尤其是区域性龙头企业均因地制宜地采用具有适用性和针对性的单项、多项或全项关键技术，有些企业还"因事而宜"地创新使用，这也促进了有机水稻生产企业的作业指导并保障了可持续性生产的推进。

二是学研机构的应用。目前国内有一部分农业教学院校和科研机构、农业技术推广部门在专业教研及技术推广工作中采纳性应用了关键技术，在指导专业学科研究和指导区域生产实践中发挥了建设性作用。

三是认证工作的应用。当前我国从事有机产品认证的机构中，可开展有机水稻认证的有几十家。这些机构在开展有机水稻认证中将关键技术作为重要的技术性应用评价工具，其对控制认证的风险、保障认证的质量、在认证中兼容指导都具有把关性参考价值。

（三）应用的作用发挥

中国有机水稻生产经历了20余年的发展过程，在许多专业工作者和企业的生产与实践范例中，十大关键技术在有机水稻生产中集成应用与模式创新发挥出了以下重要作用。

1. 控制生产的管理风险

有机水稻有别于常规水稻，主要在于不可使用化学物质和转基因物质，以及生产管理的全程可追溯，但其生产的管理风险犹存。归结起来，有机水稻生产存在两方面共10项管理风险因素。

（1）人为风险：①生产者明知故犯，违规使用化学物质和转基因物质；②有意销毁痕迹或凭据，造假象迷惑他人。例如，偷偷施用化肥、化学农药、化学除草剂，选用转基因的植物秸秆与副产品作农家肥原料，选购集约化养殖场存在抗生素残留的畜禽粪便等。

（2）非人为风险：①事前不知情状况下误用化学投入品或含有转基因成分的物质；②没注意本有机生产单元产地环境条件发生的飘移污染；③没在意育秧过程中的种子杀菌消毒及育秧土基质成分带有化学属性；④不了解商品有机肥、生物复合肥、生物复合肥、矿物肥的隐性化学成分，并过度、过量、过时培肥与施肥；⑤不知晓对病虫害防治允许使用的药剂和标准附录以外药剂的使用须事前申报评估的要求，以及无针对性地使用药剂；⑥面对稻田杂草为害困扰和劳务成本高，不自觉地使用含有隐性化学物质的除草剂做前期除草封蔽；⑦不知道有机水稻稻田除冬季休耕外，须有3种以上不同类的植物轮作；⑧不注重生产全程的记录和凭据须齐全、真实，追溯管理有遗漏。

面对这两大方面共 10 项管理风险，有机水稻生产者应不断提高风险意识，通过集成技术应用，因地制宜地控制生产管理风险。

2. 对应全程标准化生产

从事有机水稻生产直接目的在于，通过有机生产的实施来获得有机产品的认证，为市场提供食用安全和品质优等的稻米产品。因此，生产的认证必须依据现行有效的标准来操作。尤其是面对产地环境风险、生产过程风险、生产管理风险等因素，需要依据标准，实施生产运行的标准化、技术应用的标准化、质量管理的标准化。为此，集成技术的应用，对增强生产人员标准化意识并实施全程标准化生产作用极大。

3. 激发企业技术创新动能

中国有机水稻生产必须建立在因地制宜应用生产技术的基础上，因此，近 3 000 余家生产企业是技术应用与实施的主体。但技术应用不能一刀切、一个模式，需要生产主体企业结合自身的实际，有针对性地探索其适用性，并在此基础上，对接技术创新主题，发挥专业人才团队的动能，使相关技术得以深化、实现升华，促使自身的生产与质量安全水平，以及对生态环境的贡献更高、更大。因此，集成技术在应用中创新、在创新中提升，对激发企业的技术创新动能会起到很好的作用。

4. 培育企业技术人才

有机水稻生产企业通过组织生产、引入相关生产技术，并结合生产实际研发新方法，形成新的技术要素，这就是一条培育企业技术人才的途径。中国有机水稻产业的可持续发展，正需要有一批懂技术的企业家和企业内的技术专家。因此，集成技术应用的实践，能对企业的技术人才培育发挥促进作用。

5. 保障企业投入产出平衡

有机水稻生产风险高，投入的生产成本、运行成本、认证成本、营销成本等比常规水稻生产高，有的甚至会高出两倍及以上。但如果生产运行中能大力加强企业现代化管理，以技术应用控风险，以技术推广控成本，加之以管理手段，降低成本是完全可行的。有许多案例可证明有机生产最终实现投入产出平衡后是有盈利的。因此，生产中技术的集成应用，在企业控成本、保平衡、争效益上的作用是显而易见的。

6. 促进企业产业拓展

按照有机农业发展对接中国生态农业发展和乡村振兴的国策要

求，如能将现有机水稻生产的技术应用到位，并展示出新型技术模式的明显特征以及加工企业运行管理的突出特点，有机水稻产业发展的"以稻论道"新路子就会增多，发展空间拓展就会很广阔。生产企业利用自身的优势，可有效地开展有机稻田观光、有机水稻农耕文化研学展示、亲子教育体验、有机稻米产品品尝与评鉴、有机稻作田园摄影、有机稻米伴手礼制作等多元"农文旅"产业的拓展以及有机稻米深加工产品研发等，让生产技术应用模式成为亮点，让有机稻田风光成为重点，让有机稻作农耕文化成为精髓，才能达到吸引消费者的作用。当前，相关生产企业正在朝这一方向积极探索并迈进。

编写企业范例的必要性

    我国有机水稻生产已经历了近 27 年，尤其是在 2005 年颁布实施了 GB/T 19630《有机产品》后，农业部于 2011 年立项并在 2013 年发布实施了 NY/T 2410《有机水稻生产质量控制技术规范》，对有机水稻生产的标准化实施及技术集成应用发挥了极为重要的专业指导作用。其为全国 3 000 余家直接从事有机水稻生产的实体单位提供了重要的准则，促进了生产技术的应用。为此，处在新时代推进经济高质量发展的中国式现代化建设时期，在有序、健康、规范、可持续提升我国有机水稻产业高质量发展的目标指导下，着手总结各区域性生产单位的典型做法、有效经验、复制模式，推动以点带面显得尤为迫切。因此，范例编写势在必行。

一、有利于区域性典型案例的总结与提升

    我国有机水稻生产点多面广、类型多元，涉及的生产实体有大有小，操作的方式千差万别，且生产的风险也差别很大。因此，需要有一些区域性典型案例给予参考或指导。这些案例包括有机粳稻、有机籼稻生产的典型案例以及对有机水稻生产有技术保障作用的服务型案例。之所以选择这些案例，是基于其共性特征：一是立足于国家标准和农业行业技术标准为根本准则，实施标准化生产；二是遵循以因地制宜为基本、以控制生产与管理风险为主的生产技术应用或多项技术集成应用，并突出模式创新；三是建立人与自然和谐相处的关系，促进生态保护，实现稻米产品质量安全和可持续发展相对接，推进乡村振兴中的产业振兴这一重点；四是以力争构建多元的生产有效益和服务有成效机制为目标，拓展提质增效的渠道，并在产业链延伸及市场开拓方式上有提升。另外，在有机产品认证的现场检查中，这些成功做法和案例也将有积极的参考及指导意义。为此，总结与提升相关成功案例是参与全面推进中国式农业现代化的时代所需。

二、有利于大力推进标准化生产和产学研融合发展

    处在新时代，促进我国有机水稻产业的高质量发展，其根本途径是大

力推进标准化生产和产学研融合发展。因此，本书中有机水稻区域性成功案例的生产实体，均以构建企业标准体系、对应国家或行业相关标准、实施标准化生产为根本，完善自身的质量管控。其中部分生产企业已保持了15~20年有机产品持续认证，实属不易。另外，有机水稻生产全程控制风险没有因地制宜地以技术应用控风险、以人才支撑管风险、以模式创新化风险是难以做到的。这些做法仅靠生产企业单打独斗是有难度的，因此，需要积极地寻求专业科技机构、大专院校、农业技术服务单位的支持与合作，构建起产学研融合发展的合作机制或平台，形成生产技术与模式创新研究或应用型攻关团队，最终实现生产平稳有效发展。本书中的成功案例中，不仅均有产学研融合发展的做法，而且有不少的生产企业还对接科技项目实施，取得了地方各级政府部门的成果奖励和发明专利等。

三、有利于有机水稻区域性生产品牌企业的宣传与推广

针对当前我国有机农业发展的现状，社会面对有机产品的真实性存有疑虑的状态下，有机水稻的生产真实性、认证真实性、产品真实性等需要通过采取正确的手段进行正向的肯定，正面的推广与宣传是极为重要的；另外，曝光、查处不合格产品的做法，也是必不可少的。将区域性有机水稻生产典范的成功案例编入本书，就是正向扩大宣传这些企业品牌，并面向社会面缓解存有的疑虑。以宣传这些生产企业"有机农业必须真做，有机稻米必须真品，有机操作必须真心，有机服务必须真诚"的"四真"品牌打造要素，提升并扩大中国有机水稻坚持标准化生产与关键技术应用真实性的社会影响力，从而面向全球有机农业，致力将我国有机水稻区域性生产成功做法和品牌企业融入亚洲乃至"一带一路"有机农业体系发展之中。

第二章

有机粳稻生产企业技术应用与模式创新典范案例选编

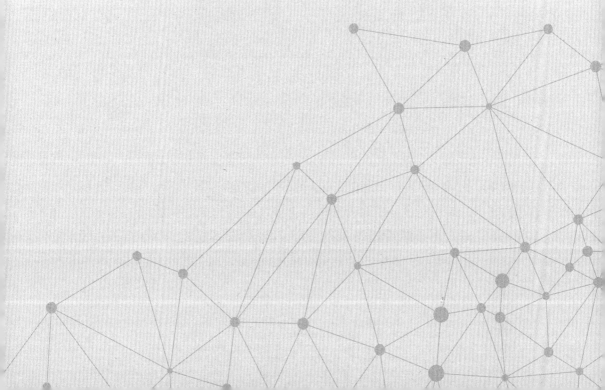

江苏嘉贤米业有限公司（苏南模式）——以创新稻鸭共作技术应用为基础 全面提升本土化有机生产技术应用能力

一、企业概况

江苏嘉贤米业有限公司系江苏省民营科技企业，是从事优质绿色有机稻米和绿色鸭肉生产开发的省级农业龙头企业，被农业农村部稻米及制品质量监督检验测试中心于 2003 年评定为"稻鸭共作·优质生态稻米生产合作技术服务定点基地"。该公司位于江苏省丹阳市延陵镇西南，属茅山老区，无化工、重金属污染，是开发与生产绿色、有机稻米和鸭肉的理想地域。该公司占地面积 6 700 m²，总投资 2 000 万元，一期工程已投入1 000 万元。2004 年通过中绿华夏有机食品认证中心认证，并获得有机大米证书，2011 年"嘉贤"牌香米和稻鸭共作香米获中国绿色食品发展中心颁发的绿色食品证书，2012 年"嘉贤"注册商标被评为江苏省著名商标。该公司的有机大米多次荣获中国国际有机食品博览会暨中国绿色食品博览会金奖，稻鸭共作有机米成为丹阳市的特色产业。

2003 年，该公司基地被列为镇江市农业标准化示范区。2004 年，镇江市政府命名该公司基地为"稻鸭共作科技示范园区"。2006 年，南京农业大学也将该公司基地列为教学实习基地和社会实践基地。该公司的稻鸭共作生产基地被中央电视台拍成数字科教片，并在国际评比中获奖。2007年，该公司基地被国家外国专家局评定为全国稻鸭共作技术培训基地。2019 年 8 月，该公司总经理谢桐洲接受中央电视台《新闻联播》关于"优化结构、推进粮食生产绿色发展"专题的采访。2020 年 8 月 26—27日，中央电视台"远方的家"栏目组对稻鸭共作有机稻米生产过程进行采访拍摄。

该公司在有机水稻标准化生产、集成技术应用方面取得了一定的经验和成绩。

二、生产单元环境状况

丹阳市属洮滆平原和孟河平原，四季分明，降水丰沛，光照充足，年平均气温15℃，年均日照时数为2 021 h，年均降水量为1 058.4 mm，土地肥沃，土壤pH值6.8~6.9，有机质含量2.5 g/kg，适合有机水稻的生产。江苏嘉贤米业有限公司位于丹阳市延陵镇延陵行政村，半丘陵地形，方圆数十平方千米内没有化工厂等工业污染，基地灌溉水源来自千亩①古湖泊——蛟龙湖及占地近150 hm²的庄湖湿地。农田水利等基础设施比较完备，依托优越自然资源，建立了稳定的稻鸭共作有机生产体系。稻鸭共作生产核心区设施完善，金属护栏，水泥主路，具有独立的排灌系统。水稻类型为粳稻，主栽品种W3668由日本引进，南粳系列品种由江苏省农业科学院育成。稻鸭共作的鸭子品种为役鸭三号，由镇江市天成农业科技有限公司育成。在持续多年加强稻鸭共作生产基地和优质稻米加工基地建设的同时，现已建成了稻鸭共作基地28.7 hm²。该公司还不断加强质量体系建设，确保产品高质量、高品位，将产品质量战略目标定位在有机、绿色、高标准食品上，形成了一套涵盖从原料生产到成品入库销售全程的质量监控体系。该公司具有较好的有机农业生产理念和工作基础，现已形成了"公司+基地"的订单农业规模化经营模式，有机水稻生产基地由专人负责，建立了一整套规范的生产技术规程。生产过程中，统一实行水稻、大麦、绿肥轮作体系，统一选用抗病虫水稻品种，统一种植绿肥培肥稻田，统一施用腐熟的农家肥，统一采用稻鸭共作技术，统一综合防控病虫草害，形成了"六统一"规范，防止禁用物质及其他潜在污染源的影响。2009年开始安装使用TFC太阳能灭虫灯，整个生产管理过程符合有机稻作的要求。该基地持续实行有机水稻与有机大麦或绿肥的年度轮作，制定了相关有机生产技术规程，形成了稳定的稻鸭共作有机生产体系。

三、生产、科研团队状况

2000年，在镇江市、丹阳市各级政府部门的帮助支持下，通过科技部引进国外智力领导小组办公室，该公司率先从日本引进稻鸭共作技术进

---

① 1亩≈667 m²，全书同。

行生态型农业生产试验。稻鸭共作技术，是一种生态型农业生产技术，不仅可以净化水源和空气，还可以减少农业生产中氮和磷的流失，从而达到治理太湖水源污染的目的。在不施任何农药、除草剂、化学肥料的条件下，该企业生产的稻米连续两年通过国家权威部门的检测，达到了 NY/T 594《食用粳米》一级米标准，比同品种常规栽种法生产的产品质量提高了一个等级。目前，该企业生产的大麦与大米均已持续获得 18 年的有机产品认证。

中国水稻研究所及农业农村部稻米产品质量安全风险评估实验室、南京农业大学、扬州大学作为科技支撑，科研团队力量较强，且具有自主知识产权。该公司聘请了中国水稻研究所金连登、朱智伟等研究员为水稻产业技术创新体系有机稻米标准化生产技术顾问，聘请中国水稻研究所质量标准专家组为产品质量安全评价顾问，聘请镇江市科技局农村处推广研究员沈晓昆为稻鸭共作技术专家。生产所用的役用鸭是由镇江市天成农业科技有限公司提供的役鸭三号。

该公司现有员工 25 人，其中技术人员 8 人。科技带头人谢桐洲为公司董事长兼总经理，曾担任过延陵镇农业技术推广站站长、农业公司经理。2000 年在获悉镇江市、丹阳市科技局引进日本稻鸭共作技术的信息后，积极争取到该项目后，实施第一年就在 2 hm² 试验田中获得成功，受到了日本专家、友人的好评，被誉为亚洲第一次成功面积最大的试点。通过稻鸭共作以及大麦、绿肥轮作技术种植有机水稻，使植株生长健壮，成穗率高，病虫少，高产稳产，创下了有机水稻亩产 400 kg 以上的纪录，改变了人们认为不施化肥、不打农药水稻就不能高产的观点。通过稻鸭共作技术的示范成功与推广应用，现不仅在有机水稻生产上长久实施，而且还推广应用于绿色食品水稻生产 533.4 hm²。

四、有机稻米生产优势与主要风险

（一）有机水稻生产的优势

该公司从事稻鸭共作技术生产应用已有 20 多年，应用该技术种植有机水稻已有 18 年，积累了比较丰富的经验，形成了较多解决实际问题的技术手段，生产出高品质的有机稻米。该公司种植 W3668、南粳系列品种，产出的大米具有柔软爽口、有清香味、口感好等特点，热饭软、冷饭也软，用冷饭煮稀粥具有黏、稠、润的特点，特别适合老人、小孩、孕妇及病人食用。这些水稻品种是根据长江三角洲地区居民的饮食偏好培育的，特别是上海、苏州、无锡、常州及镇江一带的人最喜欢食用。

该公司创立了"嘉贤"品牌，2013 年"嘉贤"商标被认定为江苏省著名商标；2016 年其产品被认定为江苏省名牌产品；2017 年该公司被授予"江苏省放心消费创建先进单位"称号；其产品获得了中绿华夏有机食品认证中心的有机认证并已保持有机认证 18 年。

（二）有机稻米生产存在的主要风险

受多种因素影响，江苏地区是全国农作物多种病虫为害的高风险区域。在有机水稻生产过程中主要遇到以下两方面技术难题：①抽穗扬花期若遇连续阴雨，稻曲病发生严重；②水稻齐穗、役用鸭收上来后，如遇病虫害暴发年份，稻飞虱、卷叶螟严重，对水稻产量影响较大。

五、有机水稻生产主要技术特征

（一）引入与研发相结合

在大量的生产实践中不断摸索完善，就地取材，将各项适宜的技术本土化，具有鲜明的华东稻区地域特色。选种的水稻主栽品种为 W3668 和南粳系列优质品种。

（二）坚持稻鸭共作技术持续应用

轮作绿肥及秸秆全量还田。役用鸭选用镇江市天成农业科技有限公司选育的役鸭三号，此品种体型适中、活泼抗病、杂食性强，适合在稻田里养殖。

（三）堆制有机基肥

有机基肥主要为醋糟、鸭粪、本地土榨菜籽饼（非转基因）和青杂草堆积沤制 18~26 个月，经 70~80℃ 高温发酵，其间经过 2~3 次翻堆、过筛。

六、集成技术应用主要模式

（一）产地条件管控

该公司基地属半丘陵地形，方圆数十平方千米内没有化工厂等工业污染，基地灌溉水源来自蛟龙湖及的庄湖湿地，产地环境质量符合国家有机产地的标准要求，并建设了灌排水渠道。田间机械道路、防护林以及稻鸭共作绿色稻米区作为隔离带，可以有效防止外来物质飘移污染。基地装备电子信息采集设备和物理防控设施，并建有标准化鸭舍。

（二）有机水稻秧苗培育

（1）种子处理：使用有机基地内选育的有机种子。为杀灭种子表层的细菌和干尖线虫，播种前晒种 1~2 天，用 1：100 的生石灰水，20℃左右，浸种 48~70 h；或用 60℃的热水浴种 10~15 min 后再浸种 48 h。

（2）秧田的培肥：秧田一般使用冬闲田，在播种前 90 天，亩施当地产的非转基因菜籽饼 300 kg。

（3）育秧期间的虫草防治：秧田整平，按规格开沟后开始播种，覆盖发酵后的醋糟。因醋糟呈酸性，可抑制杂草种子发芽。

（4）秧苗培育形式为机插盘育秧和手插旱育秧相结合。

（5）播种后加盖防虫网，移栽前揭开防虫网，人工除草 1~2 次。

（三）生产中稻田培肥与草害防治技术

1. 有机稻田的培肥

（1）秸秆还田：有机水稻秸秆和大麦秸秆粉碎后全量还田。

（2）种植绿肥：有机水稻收割后，轮作的绿肥包括紫云英、苕子、蚕豆等作物，翌年 4—5 月全部耕翻还田，每亩鲜草产量为 1 500~4 000 kg。先用碎草机全田碎草，然后再旋翻或耕翻还田。

（3）部分地力差的田块，每亩补施 50~100 kg 本地产的非转基因菜籽饼。

2. 草害防治

（1）杂草较重的地块，亩施 10 kg 食用醋，利用酸性抑制杂草种子发芽和生长。此法不能每年都使用，否则土壤易酸化。

（2）为防水田杂草，在有机田实施人工栽秧。旱育稀植人工栽秧虽然成本较高，但秧田可直接灌水，以水压草，大大减少水稻中后期田间人工除草。

（四）稻鸭共作技术在有机水稻生产中的病虫草害防治作用

稻鸭共作技术在原先单一种稻的基础上引入了鸭，情况就发生了很大的变化。稻鸭共作仍然是以水稻生产为中心和主体，而鸭则担负起完成水稻生产中多个生产环节、多项田间作业的任务。经过 20 多年的实施，总结出技术标准：每亩放鸭数量为 18~20 只，围网区域一般为每个田块 0.3~0.34 hm²，最大不能超 0.67 hm²。概括起来讲，鸭对水稻起七大作用：除草、除虫、防病、施肥、中耕浑水、刺激生长及节水。

1. 除草效果

（1）杂草的危害。稻田杂草的生物学特性：一是多样性；二是生命力强；三是种子成熟程度、萌发时期参差不齐；四是具有多种繁殖方式、顽强的再生能力；五是具备各种有利传播的性状。稻田杂草种类繁多，国际水稻研究所的研究显示，稻田杂草有 324 种，中国稻田杂草有 200 余种，其中危害严重的有 20 余种。稻田杂草与水稻争夺阳光、空间、肥料，造成水稻减产。

（2）效果分析。稻鸭共作的各种效果中，除草效果最为明显，其除草效果甚至比化学除草的效果还要好。稻鸭共作田杂草为数甚少。实践表明，鸭的生物除草完全可以取代除草剂的化学除草（表 1 和表 2）。

表 1 稻鸭共作除草效果之一

杂草试验区	杂草数量（株/m²）								
	稗草	鸭舌草	日照飘指草	莎草	丁香蓼	节节草	陌上菜	鳢肠	荸荠
稻鸭共作区	0.02	0	0	0	0	0	0	0	0
清水区	3.5	26.3	1.83	1.67	2.5	4.7	0.5	0.33	0.17
浑水区	2.4	4.6	0.25	0.75	0.25	0.33	0	0	0

资料来源：江苏省丹阳市延陵农业技术推广站。

表 2 稻鸭共作除草效果之二

杂草试验区	杂草数量（株/m²）											
	稗草	鸭舌草	异型莎草	丁香蓼	野荸荠	陌上菜	牛毛草	小茨藻	绿萍	瓜皮草	地钱	矮慈菇
稻鸭区	0	0	0	0	0	27	99	0	0	0	0	0
清水区	5	55	7	2	5	5	620	900	35	0	0	0
浑水区	0	12	1	0	3	0	0	205	118	3	83	0

资料来源：南京农业大学杂草研究室。

（3）除草机理。利用役用鸭除草的效果十分显著。化学除草看上去能够控制杂草，实际上，这种控制效果十分有限，如果停用除草剂，杂草发生量很大，如果使用不当，往往达不到预期的效果，甚至造成药害。实践证明，稻鸭共作只要放鸭数量、大小、放养时间得当，稻田的除草效果非常好。鸭除草效果好的原因：一是除草时间长，持续 60～70 天；二是除草方式多样，鸭大量采食杂草固然是一个方面，但又不仅限于采食一种方式，而是多种方式共同作用的结果，试验分析如表 3 所示。鸭的除草能力如图 1 所示。

表3　鸭的除草作用方式

鸭的行为	作用与功效
采食（用嘴）	采食杂草植株；采食杂草种子
践踏中耕（用嘴、脚）	发芽的种子浮出水面；未发芽的种子沉入泥中；发芽的杂草踏入泥中
浑水（用嘴、脚）	浑水抑制杂草光合作用；浑水抑制杂草种子发芽

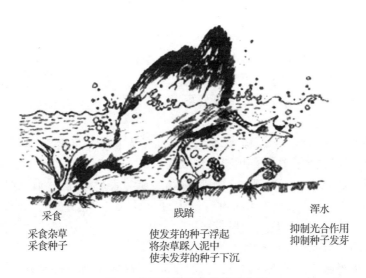

采食
采食杂草
采食种子

践踏
使发芽的种子浮起
将杂草踩入泥中
使未发芽的种子下沉

浑水
抑制光合作用
抑制种子发芽

图1　役用鸭防除杂草效果分析

从鸭采食杂草来看，鸭对禾本科以外的杂草，特别是阔叶杂草十分喜食。鸭对禾本科杂草虽不怎么爱吃，但对发芽或未发芽的禾本科杂草种子甚喜采食。鸭采食杂草，不仅包括植株，还包括籽实、块茎、根茎等。

从鸭践踏中耕灭草来看，鸭嘴脚并用，杂草被鸭从泥中采掘出来。发芽的种子较轻，浮上水面，不是被采食，就是被踩入泥浆中；未发芽的种子较重，在泥浆状的泥水中下沉，一旦下沉到一定深度，这些种子就不会发芽。从水田杂草的生态习性来看，大部分杂草种子要求在土表 2~3 cm 深发芽，如稗草为 2~3 cm、鸭舌草为 1 cm、异型莎草为 5 mm、节节菜为 5 mm，大于这些深度，杂草种子就会暂时处于休眠状态而不易发芽。鸭不喜食的杂草，不是被鸭反复践踏，就是被鸭破坏根系，难以正常生长。

从鸭造成的浑水作用来看，杂草须进行光合作用，但浑水使照射到水中的光急剧减少，同时，使泥浆堵塞了杂草的气孔，由此破坏了杂草的光合作用和呼吸作用。

至于鸭防除效果差一些的稗草，那也只是因为稗草已长大，超过了鸭的防治适期，如果能在稗草的二叶期以前放入鸭子，则稗草的防除也不成问题。

2. 除虫效果

中国已知水稻害虫约有 250 种，其中普遍发生且为害严重的害虫有 6 种，即三化螟、二化螟、褐飞虱、白背飞虱、黑尾叶蝉、稻纵卷叶螟。鸭除了对穗期螟虫为害控制效果较差外，对其他水稻害虫、苗期害虫均有很好的控制效果。

（1）效果分析。江苏嘉贤米业有限公司从事稻鸭共作 20 余年、有机农业有 18 年之久，在从事稻鸭共作以前，每 2~3 年就会遭受一次因稻飞虱为害造成的"透天"现象，水稻被稻飞虱为害呈枯死、倒伏状。但自从稻鸭共作以来，近 15 年间没有发生过"透天"现象，仅在 2007 年役用鸭从稻田收上来以后，台风带来了大量稻飞虱，由于有机农业不能使用化学农药，造成了 10 hm² 水稻大幅减产。

在稻飞虱中，褐飞虱的成虫、若虫都分布在临近水面的稻株上，而白背飞虱、灰稻虱则分布在比褐飞虱稍高的位置上，大体分布在距水面 10 cm 的地方，最高不超过 20 cm。黑尾叶蝉栖息于距水面 0~40 cm 的范围内。可见，其分布高度完全处于鸭子控制范围之内。

天敌数量往往是在害虫大量繁殖起来以后，才增加起来，往往不能达到理想的抗虫效果。提前放入鸭子，则可以较好地控制害虫为害。随着鸭子的逐渐长大，鸭子对害虫的控制范围也随之增大，控制高度可达 50～60 cm。水稻生长后期，除少数在稻株上部叶片及穗部为害的害虫（如稻纵卷叶螟穗期为害的三化螟），鸭对其他水稻害虫，特别是对栖息在稻株中下部的稻飞虱、稻叶蝉均有较好的控制作用。待水稻抽穗灌浆后，将鸭子从田中回收上来，此时，气温已逐渐降低，即使有新迁飞入稻田的害虫，一般也难以构成危害。

（2）捕虫能力。对稻田的害虫种类、数量进行定期调查，并与对照区进行比较，如表 4 所示。

表 4　鸭的控虫效果

害虫试验区	害虫数量（只/100 穴）				
	白背飞虱	褐飞虱	纵卷叶螟	螟虫	纹枯病
稻鸭共作区	423.3	120.7	85.3	2.7	0
常规对照区	2 280.0	430.0	12.0	30.0	11.4

资料来源：镇江市丹阳延陵农科站。

据观察，鸭的采食量比较大，如充分喂食，鸭的嗉子可以吃得鼓鼓的，但不用多长时间，原来鼓鼓的嗉子就瘪下去。这与鸭有很强的消化能力有关。稻鸭共作，可以让鸭 24 h 都可以在稻田捕食，随着鸭一天天地长大，鸭对害虫的控制范围也越来越大。总之，在鸭这样的捕虫高手面前，多数稻田害虫只能束手待毙。

3. 防病效果

相关研究表明共有 240 多种稻作病害，其中以稻瘟病、白叶枯病、纹枯病的分布最广、为害最重，是我国稻作的三大主要病害。现代水稻育种，已经育成具有较强抗稻瘟病、抗白叶枯病的水稻品种，但对纹枯病，基本上没有抗病品种。

（1）防纹枯病。各地稻鸭共作的实践都表明，稻鸭共作田块纹枯病轻（表 5），这或许与稻鸭共作水稻稀植，通风透光好，鸭刺激水稻促进了稻株健康生长，增强了抗病能力，浑水抑制了纹枯病菌丝的生长等有关，稻鸭共作田纹枯病轻的机理还有待深入研究。

表5 "稻鸭共作"防纹枯病发生情况

病害试验区	分蘖期发病高峰		孕穗期发病高峰	
	穴发病率（%）	株发病率（%）	穴发病率（%）	株发病率（%）
稻鸭共作区	15.7	6.3	24.2	11.8
对照区	19.6	8.1	33.3	17.1

（2）防条纹叶枯病。鸭子虽没有直接产生防病效果，但却可以通过控制媒介昆虫来控制病害。水稻条纹叶枯病是由灰飞虱传播的一种重要的水稻病毒病害。2000年和2001年，该病在江苏全省范围内暴发成灾。而控制灰飞虱则是抑制该病害简便可行的措施，稻鸭共作能比较有效地控制灰飞虱，并间接有效控制条纹叶枯病的发生。

（3）防黑条矮缩病。20世纪90年代以来，水稻黑条矮缩病为害逐年加重，该病由灰飞虱传播。稻鸭共作中鸭控制灰飞虱，可有效控制黑条矮缩病。

（4）普通矮缩病、黄矮病、黄萎病等病毒病系由黑尾叶蝉带毒传播所致，鸭能有效控制黑尾叶蝉，所以对这些病毒病的发生起到控制作用。

4. 施肥效果

鸭粪的养分含量略低于鸡粪。鲜鸭粪平均含全氮0.71%、全磷0.36%、全钾0.55%，微量营养元素含量为铜5.7 mg/kg、锌62.3 mg/kg、铁4 519 mg/kg、锰374 mg/kg、硼13.0 mg/kg、钼0.40 mg/kg，是养分含量较多、质量较好的有机肥，其中铁、锰、硼、钙、硅的含量居粪尿类之首。

在稻鸭共作时期内，据测定1只鸭排泄在水田里的粪便约10 kg，这相当于氮47 g、磷70 g、钾31 g。如果每1 000 m² 稻田放养20只鸭，鸭的粪便相当于氮940 g、磷1 400 g、钾600 g，这些粪便用作稻田的肥料，虽不算很多，但随排泄、随搅拌、随吸收，肥料利用率高，肥效显著（表6）。根据试验，在不施用追肥和穗肥的情况下，采用稻鸭共作技术水稻的产量接近常规种稻的产量。虽然鸭粪的数量还不足以满足水稻高产的全部需要，但通过水旱轮作、粮菜轮作、粮草轮作，可以进一步提高土壤肥力，实现稻鸭共作水稻的持续高产、稳产。

表6　鸭粪的肥效（20只/1 000 m²）

项目	粪量	氮含量	磷含量	钾含量
鸭粪（kg）	189	0.94	1.40	0.60
标准量（kg）	—	6.00	6.00	6.00
满足率	—	16%	23%	10%

5. 中耕浑水作用

稻田耘糊即稻田中耕除草，耘糊的作用主要在于耘除田间杂草，并有助于疏松表层土壤，糊平田面，改善土壤通透性。追肥与耘糊相结合，可使肥料与土壤充分融合，加速分解，减少流失，是水稻生长前期田间管理的重要措施。

但人工耘糊作业十分辛苦，随着化学除草的推广，人工耘糊就渐渐退出了历史舞台。但是，化学除草不仅会造成环境污染，而且起不到中耕松土的作用。机械中耕在中国尚属空白，而且耗费石油能源。稻鸭共作圆满地解决了稻田中耕松土的难题，耘糊彻底，达到了松、均、透、熟。中耕松土对人来说，异常艰辛；对机器来说，难以办到；对鸭来说，愉快胜任。全田、持续、彻底的中耕浑水，是稻鸭共作特有的现象和作用，中耕浑水能使水稻田间的水含氧量增加20%，能充分满足水稻植株根系对氧气的需求量，因此在不搁田的情况下，也能促使水稻根系从水平生长转向纵向生长，从而根深叶茂。

6. 刺激生长效果

在稻鸭共作的各种效果中，刺激水稻生长也是稻鸭共作所特有的现象。凡是稻鸭共作的田块，水稻生长状态均与周围田块截然不同，如叶厚、叶色浓、植株开张、茎粗而硬、茎数多等。试验中含有鸭粪的水能进入没有隔离网的对照区，但在对照区却并未见到这种刺激效果，同时，清水、浑水试验也没有显示出大的差异。可见，这是鸭对水稻的刺激效果。鸭在稻田，用嘴接触稻株吃叶上的虫，移动时用翅膀接触稻株，用嘴和脚给泥中的稻根以刺激，也就是鸭不停地给水稻以接触刺激。

探明鸭对水稻的接触刺激及稻对刺激的反应，是确立稻鸭共作机理的理论课题，也是稻鸭共作的一个实践课题。用金属板围成有鸭的刺激区和鸭不能接触的无刺激区，调查研究了鸭对水稻的刺激效果。试验结果表明，鸭对水稻的刺激效果表现为株高变矮、分蘖数显著增加、茎秆变粗（表7），水稻地上部分干物质增加，产量增加。

表7 人工模拟刺激对水稻植株生长的影响

处理	时间	株高（cm）	茎粗（cm）	分蘖（个）
刺激处理	7月2日	39.0	0.6	0
	7月12日	4.5	1.3	5
	7月22日	60.0	1.5	7
无刺激处理	7月2日	39.0	0.6	0
	7月12日	4.6	0.9	3
	7月22日	51.0	1.0	4

资料来源：江苏省镇江市丹徒区荣炳农技推广站，调查时间为2001年7月。

由于役用鸭对稻植株的刺激效果，促使水稻植株个体和群体都生长健壮，抑制了纹枯病和稻瘟病菌，使水稻植株少生病或不生病。

7. 节水效应

稻鸭共作必须保证稻田里的水层，因此必须把田埂整理好，不能漏水。田埂高度要求高出田面20~25 cm，宽70~80 cm。为了防止役用鸭上下田对田埂的损伤，保证田埂上能生长各种花草，把田埂改造成两边浇筑10 cm厚、35~40 cm深的水泥埂，中间留70~80 cm的土埂自然生长野花野草，便于寄生蜂的生存繁殖。加上不需要搁田，整个水稻生长期可比常规种植节水1/5。

（五）有机水稻生产的中后期管理

1. 太阳能诱虫灯

当水稻生长至60 cm以上时，役用鸭对水稻上部叶片的害虫控制能力下降，必须安装太阳能诱虫灯，配置不同光源的灯管，诱杀害虫的成虫、减轻害虫对水稻的为害。太阳能诱虫灯的密度可适当加密，一般工作半径为75 m。

2. 人工除草

役用鸭可以有效防除田间的阔叶杂草并抑制部分杂草的生长，还有部分较大的杂草和稗草等需要人工拔除，所以有机水稻生产过程中还要根据杂草生长情况安排2~3次的人工除草。

3. 稻鸭共作技术与生态环境的良性循环

通过 20 余年稻鸭共作技术的实施，特别是 18 年的有机种植，在不施用任何农药、化肥的情况下，有机基地已形成良好的生态环境，生物多样性越来越丰富。根据南京农业大学李保平教授 2009—2011 年在有机基地调查，发现基地上有多种寄生蜂。在他的指导下，基地人为种植了黄豆、绿豆、赤豆、芝麻等蜜源作物，为寄生蜂提供优良的生存、繁殖环境。目前有机区域已不需要人为种植，田埂上已生长很多野生绿豆、赤豆和变异豆，为寄生蜂提供了足够的蜜源。寄生蜂对水稻中后期的螟虫控制起到了很大作用，特别对纵卷叶螟的防效达 60% 以上。总之，稻鸭共作技术促进了生态的良性循环，生态的良性循环又弥补了稻鸭共作技术的不足之处。

七、集成技术应用成效

江苏嘉贤米业有限公司长期致力于现代农业、农产品及稻米生产技术的研究，在应用技术上，实现了有机水稻的全产业链效益提升，2015 年被评定为"国家农业行业标准——有机水稻生产质量控制技术规范推广应用示范基地"，2020 年被农业农村部农产品安全中心评定为"全国农产品质量安全科普教育生产实体"，2022 年其产品被评为"江苏好大米""全国优佳好食味金奖有机大米"，集成技术应用有着明显的成效。

（一）经济效益

1. 企业效益

通过集成技术应用，稻米精加工生产能力提高 10%，实现了年生产销售有机大米超过 120 t，绿色和优质生态大米 1 600 t，年产值 4 200 多万元。有机稻谷、绿色稻谷、优质生态稻谷每亩的利润分别比常规稻谷高 2 500 元、800 元、250 元。

2. 项目区和辐射区农民增收

带动周边乡镇的种粮大户签订收购合同面积达 667 hm^2。同时，稻鸭共作技术在丹阳及周边地区广泛推广，达到 1 334 hm^2，项目的实施使农民增收超过 1 000 万元。

（二）社会效益

1. 为社会提供了大量优质安全的稻米及鸭肉

除有机稻米产销外，该公司每年可为社会提供高品质大米 3 000 t，鸭肉 50 t，满足了广大居民日益提高的消费需求。实现了为耕者谋利、为食者造福的宗旨。

2. 优化了农业结构，稳定了农民收入

稻鸭共作是当前推行绿色农业生产方式上种养结合的良好切入点，更是有机水稻生产的有效支撑点，既能稳定粮食生产，又可促进家禽养殖，通过原料产品的深加工和产业化经营，还能促进农村劳动力就业。

（三）生态效益

江苏嘉贤米业有限公司立足有机为基点、绿色为主导的水稻生产项目实施，生产资料投入量严格遵照标准要求，对产地环境友好，有效地保护了生态环境和农田生物多样性，保护了太湖流域的水资源和当地生态环境，形成了有机稻田鸟语花香、鸭欢人笑的美丽风景，被人们称为当地少有的锦绣"有机农庄公园"。

八、集成技术应用的延伸成果

（一）集成技术的应用成为申报并实施科研项目技术支撑

2012 年投资建设"镇江市嘉贤优质低碳稻作工程技术研究中心"。2015 年申报了江苏省财政局的现代农业生产发展项目"丹阳嘉贤生态优质稻米生产基地建设"，江苏省重点研发计划项目"水稻高产低碳生态种植及优质安全生产关键技术研究与应用"。

（二）集成技术的应用促进了农业标准化建设

江苏嘉贤米业有限公司的"稻鸭共作"生产基地被江苏省农业农村厅定为"镇江市农业标准化示范区"；联合丹阳市农业农村局编制了稻鸭共作生产技术的省级标准，成为稻鸭共作农户的生产操作规程，提高了全市农业标准化水平；2011—2013 年作为主要起草单位之一，参加了国家农业行业标准 NY/T 2410—2013《有机水稻生产质量控制技术规范》的编制。

（三）集成技术的应用成为成功申报专利的重要保障

取得实用新型专利授权 25 项；申报发明专利 20 项，其中取得授权 5 项（表 8）。

表 8　专利明细

序号	专利名称	专利类型	取得时间
1	一种新型筒状安全锤	实用新型	2013 年 1 月 16 日
2	一种稻壳稻米分离装置	实用新型	2013 年 1 月 16 日
3	一种新型犁地装置	实用新型	2013 年 1 月 16 日
4	一种新型料仓下料装置	实用新型	2013 年 1 月 16 日
5	一种烧糠壳多用锅炉	实用新型	2013 年 1 月 16 日
6	一种高效振动筛	实用新型	2013 年 1 月 16 日
7	鸭舍	实用新型	2014 年 1 月 1 日
8	一种谷粒收场机	实用新型	2014 年 1 月 1 日
9	秕谷分离器	实用新型	2014 年 1 月 1 日
10	秕谷除尘器	实用新型	2014 年 1 月 1 日
11	一种水稻种子除杂筛选机	实用新型	2014 年 1 月 1 日
12	田间去泥坡道	实用新型	2014 年 1 月 22 日
13	堆肥翻堆机	实用新型	2014 年 3 月 26 日
14	一种能喷洒固体颗粒的施肥机	实用新型	2014 年 3 月 26 日
15	一种药粉加料装置	实用新型	2014 年 5 月 7 日
16	一种用于稻谷培育及烘干储藏的多功能智能房	实用新型	2016 年 12 月 7 日
17	一种高效原粮初清筛	实用新型	2016 年 12 月 7 日
18	一种大米加工用提升机除尘装置	实用新型	2021 年 3 月 23 日
19	一种高温发酵池	实用新型	2021 年 3 月 23 日
20	一种大米加工除糠装置	实用新型	2021 年 3 月 30 日
21	一种大米加工用的清洗机	实用新型	2021 年 3 月 30 日
22	一种大米加工用凉米仓	实用新型	2021 年 6 月 22 日
23	一种大米生产线上的烘干装置	实用新型	2021 年 6 月 22 日
24	一种智能仓库	实用新型	2021 年 6 月 22 日
25	一种农业灌溉系统	实用新型	2021 年 10 月 8 日

（续表）

序号	专利名称	专利类型	取得时间
26	一种新型抽米机的开门装置	发明	2014 年 5 月 7 日
27	一种有机旱育水稻种植方法	发明	2015 年 5 月 20 日
28	秧苗营养土处理机	发明	2016 年 2 月 24 日
29	生态田埂	发明	2016 年 9 月 28 日
30	深水除草方法	发明	2016 年 12 月 28 日

（编写人：谢桐洲　潘柏妹　刘福坤）

宁夏广银米业有限公司（宁夏模式）——立足因地制宜　创新技术模式　开拓应用成效

一、企业概况

2005 年创建的宁夏广银米业有限公司（以下简称广银米业），设立于宁夏回族自治区银川市贺兰县常信乡四十里店村。现有资产总额 9 400 万元，固定资产 4 453 万元。该公司先后被评为国家高新技术企业、自治区农业产业化重点龙头企业、自治区科技型中小企业、银川市优秀龙头企业、贺兰县优秀龙头企业、宁夏"好粮油"示范企业。为更好服务周边农户，于 2010 年牵头成立了宁夏贺兰县丰谷稻业产销专业合作社，目前主要经营范围有农作物、蔬菜种植与销售，水产养殖与销售，粮食收购、加工、销售，新技术、新品种引进与技术交流，设施农业开发与建设。该公司主要产品广银香米、蟹田米、有机米、精一米、粥米、胚芽米等，年销售收入 5 400 万元，年纳税 35 万元。在职人员 47 人，其中本科学历 4 人、大专学历 10 人，从事研发人员 10 人。

该公司以"绿色生态、创新发展"为理念，秉承"为耕者谋利、为食者造福"的企业信念，在贺兰县常信乡四十里店村流转土地 240 hm^2，建设了稻渔立体综合种养、粮食仓储、加工生产、生态休闲观光、社会化综合服务为一体的一二三产业融合发展示范园区。

（一）有机水稻生产概况

广银米业自 2012 年开始生产有机水稻，至 2022 年经认证的有机水稻生产面积 1 000 亩。

（二）有机水稻产地环境概况

广银米业有机水稻生产基地位于宁夏银川市贺兰县常信乡四十里店村，属于宁夏银北引黄灌区，黄河水灌溉，地势开阔，地形平坦，沟渠纵横错落，排灌畅通，草木丰盛，盛产麦稻，是贺兰县的农业生产基地。

贺兰县自然条件优越，境内有唐来渠、惠农渠等五大干渠川流而过，引黄河水自流灌溉，土质肥沃，物产丰饶，旱涝保收，可谓"鱼米之乡"。贺兰县热量资源比较丰富，年均积温达 3 281.6 ℃，昼夜温差大，利于植物营养积累。年均降水量 200 mm，以黄河水自流灌溉为主。贺兰县盛产磷矿石，磷矿石可作为生产农用肥料的原料被利用。

产区农业灌排水体系完善，湖泊众多、沼泽连片，自古就是鱼类、鸟类的"乐园"。贺兰县利用这一得天独厚的资源，综合开发荒芜低洼盐碱地，土壤 pH 值为 8.0~8.8，通过有机水稻种植，改善农业生态环境，大力发展稻田立体种养，使之成为当地最具发展潜力和最具优势的产业之一。

基地所在位置贺兰县常信乡四十里店村 2015—2017 年土壤检测数据为 pH 值 8.45、全盐 0.78 g/kg、速效钾 205.85 mg/kg、有机质 18.85 g/kg、碱解氮 62.80 mg/kg、全氮 1.33 g/kg、有效磷 30.85 mg/kg。

贺兰县交通便利，包兰铁路、109 国道、石营高速公路、沿山公路 4 条主要交通干线穿境而过，架起经济桥梁。

二、关键生产技术实施

从事有机水稻生产，关键在于因地制宜的生产技术应用，广银米业实施的关键技术有以下重点。

一是有机肥制作技术。自制有机肥选用黄牛粪、木渣、玉米芯、稻壳、米糠等原材料，通过添加微生物菌剂进行发酵、腐熟，形成松散、有机质含量高的有机肥。

二是有机水稻除草技术。有机水稻除草采用复种冬牧、以草压草、大水压草、打浆机除草、稻鸭除草、人工除草等方法，可除去稻田 95% 的杂草。

三是钵育摆栽技术。结合穴盘育秧机，每穴 4~5 粒稻种，使大田插秧时，每穴 4~5 苗，数量稳定。穴盘育秧起秧和插秧时不伤根，水稻插秧后不用缓秧，早分蘖，有利水稻增产。

四是稻渔水循环系统。将有机稻田设计为环沟结构，实现由西向东、由北朝南，沟沟相通、沟田循环。环沟养水产，环沟的水产粪可以养稻，解决了水产养殖的水源问题，又减少了肥料的使用量。有效提高了土地产出率和资源利用率，既种稻又养水产品，达到了水稻水产共生。

三、有机水稻生产主要技术特征

(一) 水稻种子处理、育秧与插秧技术要点

1. 品种选择及种子处理方法

优先选用经过有机认证并达到种子质量标准的种子。在无法得到经过有机认证种子时，使用常规种子，但不得使用禁用物质进行处理，禁止使用转基因种子。

选用熟期适宜的优质、高产、抗病和抗逆性强的品种，如宁粳43号、天隆优619等为主栽品种。随着新的优质品种的育成，可补充或更换适合有机栽培的优质新品种。种子质量达到国家二级以上标准。不允许使用包衣种子。

种子处理方法如下。在晴天将稻种铺5~7 cm厚，晒种1~2天，每天翻动3~4次。晒种后漂洗除杂质、空秕粒，盐水比重1.13（20 kg水＋4.2 kg盐），浸种，选择沉底的饱满种子，再用清水漂洗稻种，直至将所有盐分洗尽。

种子消毒有以下3种方法。①石灰水消毒法：把选好的种子用1%的石灰水在室温下浸泡3天，以预防水稻恶苗病等种传病害，捞出后，用清水冲洗干净，再用清水低温浸种7~8天（水温12~13℃），使种子充分吸水；②凉水、热水消毒法：先用凉水浸泡1 h后淋干水分，再用62~63℃热水浸泡10 min杀死病菌，然后用凉水清洗；③选用乳油剂和石硫合剂各稀释100倍常温浸泡24 h后用凉水清洗。

水稻催芽有以下两种方法。①使用催芽箱调控相应温度，进行催芽；②利用太阳光照，将消毒浸种后的种子在阳光下密封保存24 h，即可发芽。

2. 水稻育秧技术

育秧前准备：选择无污染、地势平坦、背风向阳、水源方便、排水良好、土质疏松肥沃的地块作秧田。

整地做床：在秋季对秧田施腐熟有机肥，冬春反复耙糖保墒，于3月下旬做秧床；采用大棚或小拱棚育秧。大棚育秧，秧床规格为棚宽6.5~8 m，长40~60 m，高2.2 m，步行道宽24~30 cm。

配制营养土：在有机水稻生产基地内选择草籽少、土质疏松肥沃的旱

田土做育秧土。经过细筛过滤、炒土，将细土中的草籽或细菌全部杀死。炒土与腐熟有机肥的比例为 70∶3，加水适量混拌均匀，用塑料薄膜盖严堆沤 3~7 天，为秧苗制造疏松、透气、排水性好的营养土。

秧床消毒：通过翻晒等物理方法以及使用石硫合剂等进行床土消毒，防治苗期立枯病和恶苗病。

播种：当日平均气温稳定通过 5~6℃时即可播种育苗。一般晚熟品种 4 月 5—10 日播种，中早熟品种 4 月 10—15 日播种。采用穴盘机育苗，每穴 3~4 粒，每盘 35~45 g，每亩用种量是 1 250~1 500 g。平盘育苗，根据种子千粒重调整播量，每盘播芽种 100 ~120 g（相当于每亩播干种子 288~360 kg）。采用自动精量播种机，播后镇压，种子三面挨土，然后用过筛的营养土盖严种子，覆土厚度为 0.6~0.8 cm；将播种覆土后的秧盘，按顺序摆到秧棚中，在棚的中间留 50 cm 宽的人行道，便于观察秧苗生长。秧盘摆好后，封闭秧棚，进行喷水或大水灌溉，将秧盘完全打湿。

秧田管理：采用大棚工厂化育秧，具备微喷系统和棚膜自动或人工卷帘装置，可方便补水和通风降温。保持土壤湿润，温度低于 35℃。床土发白可适量喷水，温度不超过 25℃，发现顶盖和露籽，要及时用棍落盖并补土。除因播种前底水不足外，一般播种 7 天内禁止灌水。1 叶 1 心到 2 叶 1 心时，晴日白天揭膜，温度控制在 12~20℃，控水防立枯病。2 叶 1 心到 3 叶 1 心时，日揭夜盖逐步炼苗，施促苗肥。3 叶 1 心后，补水补肥，保持苗床湿润。水稻 2 叶 1 心后或插秧前 7~10 天可施腐熟饼肥 50 kg，促分蘖早生。

病害防治：1 叶 1 心期，每亩用 0.3%苦参碱水剂 50~70 mL 兑水 40~50 kg，或大黄素甲醚 200 倍液均匀喷洒 1~2 次，防治立枯病。

3. 插秧技术

日平均气温稳定通过 13℃时开始插秧，插秧期一般在 5 月 5—10 日。宁夏地区水稻中熟品种不晚于 5 月 15 日。

采取机插秧，穴距 33 cm×12 cm，每穴 5~6 苗，亩插秧密度为 1.68 万穴，插秧深度不超过 2 cm，减少补苗成本。插后灌寸水。

（二）农家肥堆制技术要点

每年 9 月底至 10 月上旬采购有机肥材料，制作有机肥选用当地的黄牛粪、玉米芯、鸡粪、木渣、米糠等天然原料，各成分的占比分别为 31%、31%、16%、16%、6%，使碳氮比达到 30∶1，再添加一定量的天然矿物质后，加入贺兰山植被下的腐殖土，搅拌均匀，洒入一定量的水分，使混合物的含水量达60%，打堆发酵。外界气候偏低时，盖薄膜或棉被提高发酵效率。

在堆制有机肥的过程中，每周定期测量。在有机肥表面30 cm处温度达60~70℃时，微生物最活跃，需要大量的水分和营养供其生长，必须开始翻倒。在翻倒过程中，有机肥内部会产生大量的菌丝，翻倒使微生物与有机肥完全混合，增加含氧量，使微生物快速繁殖。微生物繁殖过程中，会产生大量的热，消耗大量的水分，应及时补充水分，使有机肥充分发酵。水分含量过多会导致有机肥密度过大，微生物因缺氧而存活率低，有机肥发酵缓慢，为增加微生物含量，可用红糖提取腐殖土中的菌种，用米糠繁殖扩增，撒施到有机肥上，翻倒均匀，使微生物繁殖并分解有机肥。

在宁夏冬天没有任何保温措施下，需要发酵3~4个月，其间最少翻倒7~8次，使微生物发酵均匀，形成熟黄、松散、带有香味的有机肥。

（三）稻田培肥与科学精准施肥技术要点

为增加土壤肥力，可种植绿肥。宁夏作为作物一茬种植区，在有机水稻收割后，尽快对稻田进行深耕、耙耱保墒和施肥等工作，尽早种植冬小麦、冬牧70牧草等，在11月初基本出苗，灌入冬水。在翌年初春之际提前耙耱保墒，提早生长，使其在4月中旬生物产量达到最大值，机械打碎，深翻进行后熟，作为绿肥供有机水稻吸收利用。

在水稻插秧之前，施用堆置腐熟的有机肥，每亩使用量为1.5 t，随着土壤的改良，有机肥使用量逐渐减少。

追施固体有机肥。选用获得有机认证且证书在有效期内的有机肥生产厂家购买生物有机肥，合理施肥，一般每亩使用量在400 kg左右就能满足有机水稻正常生长。

在6月中旬，针对田间肥力情况，每亩追施沼液50~100 kg，防止施用有机肥后期发力，造成水稻贪青晚熟。

（四）水稻病虫害防控技术要点

宁夏气候干燥，降水量低，冬季温度下降，大多数病虫无法滋生。

1. 稻瘟病防治

水稻抽穗前后是稻瘟病多发期。选用乳油剂和石硫合剂稀释500倍喷施 2~3 遍，可起到杀菌、抑制病原菌扩散的作用。在水稻抽穗前后 7 天内，每亩用 1 000 亿 CFU/g 枯草芽孢杆菌 10 g 兑水喷雾，连续喷 3 次，可有效防治稻瘟病。

2. 水稻根部红线虫防治

有机水稻施用有机肥插秧后，往往会引起地下病虫害泛滥，特别是红线虫。用 10 kg 纯净水、13 L 乳油剂与 13 L 的菜籽油混合均匀，将混合物加入 2.15 mL 石硫合剂，将其洒到水面扩散（每亩 600 mL），形成一层水膜，不要将其洒到水稻叶片上，两天后会发现有死亡的线虫漂上来。田间发现红线虫后，适当晾田或增施有机肥，强大根系，以利抵抗红线虫为害。

3. 稻田立体生物种养防止病虫害

宁夏贺兰县地势偏低、水资源丰富，利用自然优势，进行稻田立体养殖，稻田养蟹、养鱼，生物粪便直接被植物吸收，且生物在水下四处游动，觅食浮游生物及害虫，清理稻沟里的杂物，使水稻根部土壤疏松、肥力足，根系发达，分蘖力增强，抗性增强，水稻品质提高。通过稻田立体生态养殖，减少病虫害。

（五）稻田草害防控技术要点

有机水稻生产中须采取综合措施防治杂草，在拔节前应除尽稗草类恶性杂草。

1. 稻后复种以草压草

宁夏作物一季稻生产区，所有田块冬季闲置。为提高土地利用率，在水稻收获后，复种冬小麦、冬牧 70 牧草等绿肥作物，保证入冬之前，冬草全部出苗，灌入冬水。在来年开春后，绿肥作物发芽的同时，诱发田间杂草一起生长，结合 3 月水分返潮，绿肥作物和杂草相互抑制，共同生长。在 4 月底将生长旺盛的绿肥作物和杂草机械打碎，深翻到土壤里，后熟作为有机水稻绿肥施用。通过水稻复种绿肥作物，诱发杂草，可将田间 60% 以上稗草除尽。

2. 诱草灭草

对于没有复种冬草的有机水稻田块，在初春要提早耙糖保墒、灌水，提早诱草。在水稻插秧之前进行旋耕将杂草深翻，灌上水后，用打浆机打浆一次，将杂草旋耕到泥中，大水灌溉，使杂草处于无氧条件下，减少杂草基数，可除掉田间 20% 的稗草。

3. 以苗压草、以水压草

通过合理密植、增加基本苗和科学水层管理等措施，培育壮秧使水稻在秧苗期就开始分蘖，移栽后大水灌溉，水层不能低于 7 cm。保持水层 10～20 天，其间水稻快速生长，促使水稻早分蘖早封行，水下杂草不能及时补给氧气和阳光，达到抑制杂草生长的目的。

4. 稻田养鸭除草

扩大水稻行间距，选择体型较小、活动能力较强的麻鸭品种，每亩放养 10～15 只，既可以除去稻田中的草害，鸭子粪便又可以作为水稻肥料施用。鸭子在水田中活动，使水田土质松软，促进水稻根系生长，为水稻分蘖提供良好的环境。目前麻鸭除草效果是所有生物除草技术中效果明显的。水稻插秧返青后，正是杂草的生长期，此时开始投放麻鸭，训练麻鸭在田间觅食。麻鸭在田间四处游动，将已露水的杂草吃掉，还可通过踩踏，踏死刚出土和未出土的杂草并将水搅浑，使杂草在无氧、无阳光的条件下无法生长直至死亡。

（六）稻渔节水灌溉及尾水处理要点

宁夏水资源匮乏，为稳定粮食生产，全区各地都在实施节水灌溉措施。大多数节水灌溉措施适合使用在经济作物和抗旱作物上，难以应用在水稻上。宁夏贺兰县具有地势低洼的有利条件，稻田立体养殖技术的开展，衍生出稻田水循环技术。

将 200 km² 稻田中分为 8 个区间，每个小区在稻田中挖上口宽 6 m、深 1.2～1.5 m、下口宽 0.8～1 m 的环沟，每个环沟表面类似相同，不同之处在于环沟底部和整体地势不同。在水稻种植地势处于水平状态的前提下，将环沟设计成梯形，总体为西高东低、北高南低，具体为：西南地势最高，向西北、东南方向延伸下坡；西北地势较低于西南，向东北方向延伸下坡；东北地势较低于西北，向东南方向延伸下坡。所有地形设计按照水体走向设计，每个走向坡度不能大于 30°，以免影响水稻和水生生物正常生长。稻田进水口位于西边地势高处，每个小区分别至少有 2 个进出口，每个渠道作为主要进出口，各个环沟相连处设有进出口；稻田出水口在东边地势洼处，出水口至少 1 个，且出水口与每个环沟相连，统一将富氧化的水排出，补充新水供水产及水稻生长。

从稻田排出的水，进入稻田旁边的净水沟中。通过设计 3 个环节进行污水处理。第一环节，沟中养殖可以净化水质的鱼类，减少水中养分和浮游生物等；第二环节，通过荷花等水生植物净化水质；第三环节，安装净化水处理装置，过滤水中杂质等。通过水泵向稻田和环沟补充水，结合地势，可以使水分布均匀供水稻和水产生长。在宁夏7—8月水资源最缺乏的时候，通过稻田水循环系统，可以达到节水的目的。

稻渔节水灌溉及尾水处理方法及模式，实现了水稻灌溉及水产养殖用水的循环利用，可以做到节约用水30%以上；通过水循环系统使水质得到及时净化，增加水中的溶氧量，提高水产的放养密度，减少水产病虫害的发生，保证了水产品质，提高了整体经济效益；将污水净化池中的水产粪便抽到稻田，为水稻提供有机肥，还可以改善土壤；通过灌溉用水的循环利用，方便了日常的田间管理工作，节约劳动力成本约70%。

（七）稻田休耕与轮作技术要点

因可用土地少，综合利用率低，稻田休耕在宁夏川区是不可能实现的，大多田块会进行轮作，但贺兰县水位低，碱性大，以常年种植水稻居多。常年种植水稻造成田间稗草多。为减少杂草，采用稻麦轮作，水稻收获后复种冬麦或冬牧70牧草，在5月初生物产量达到最大值时，将杂草随同麦草一起深翻到田间，无法为害水稻。

（八）稻田秸秆处理技术要点

实行秸秆还田，在水稻收割时，用秸秆粉碎机将水稻秸秆还田，并适当追施有机肥和菌种，灌入冬水，进行秸秆腐熟。腐熟的秸秆可作为有机肥被下一季水稻吸收利用。

（九）稻谷收获与干燥技术要点

宁夏10月气候干燥，10月上旬有霜冻，导致水稻易爆腰，稻米品质较差。为提高稻米质量，在水稻颖壳95%基本变黄、稻谷水分达到25%～30%时收割，降低水稻爆腰率。提早收获，以烘干设备辅助晒粮，选用低温循环式烘干，将水稻烘至水分含量15%～16%。在使用烘干塔烘干时，须用有机水稻冲顶，切不可将常规水稻混入有机稻谷中。

（十）稻谷贮存技术要点

有机稻谷最好设有专用仓库储藏。大多数企业由于场地原因，没有专门有机水稻仓库，须在常规仓库内设立有机稻谷区域，并设立标识牌。仓库应清洁、干燥、通风，远离有毒、有害、有异味、易污染的物品，温度在16℃以下。仓库中具备地笼、通风口，防止水稻温度上升，并安放防鼠、防鸟设施。

四、集成技术应用成效

广银米业从 2014 年开始就地取材，制作有机肥。筛选当地的牛粪和其他辅助材料，每年堆制 1 500~2 000 m^3 有机肥，为水稻提供充足的营养。

应用有机水稻除草技术，包括诱草灭草、机械除草、大水压草、稻鸭除草、人工除草等技术。每种除草技术相互呼应、相互配合，方能达到最佳效果，并形成完整的除草体系。该技术已获得国家发明专利。

应用水稻钵育摆栽及插秧技术。选用穴盘育秧机，育秧过程中用土量、用种量少；操作简单方便，水稻播量控制在 3~5 粒/穴；秧盘呈孔状，播种均匀，方便取走，可重复利用；育出的秧苗不易生病，秧苗壮。选用专用的钵育摆栽插秧机，插秧时，行距大，插秧不伤根，不窝根；插秧即活，不缓秧；省种，每亩使用 1 250 g 种子。该技术已获得国家发明专利。

稻渔水循环系统是广银米业近年重点发展的项目。建设 200 km^2 的水循环系统，稻田采用"宽沟深槽"及"稻渔生态陆基渔场"模式，进行田间工程建设。环沟上口宽 6 m，深 1.2~1.5 m，下口宽 0.8~1 m；环沟形成水面占稻田面积 10% 以下；建设防逃围栏和进排水口；荷花池净化水质，实现"一水两用、一地两用、肥水养稻、一田多收"。从 2018 年开始加大水循环系统的利用率，进行有机稻种植和稻田养蟹。稻田一角实施稻田高效循环流水养鱼技术试验，建设流水槽 4 条，每条容积 250 m^3，总容积 1 000 m^3。利用流水槽养殖水体灌溉稻田，作为有机肥促进水稻生长；经过稻田净化后的水再回流到流水槽，作为水产养殖的优质水源，残剩的饲料排放到稻田中作为稻田鱼的饵料，得到充分利用，实现水体零排放。2020 年 6 月 9 日，习近平总书记在宁夏广银米业"稻渔空间"有机和绿色水稻生产基地考察后，提出了解决稻水矛盾、节水灌溉的思想。生产基地牢记习近平总书记的嘱托，加大稻渔水循环的研发，其已具有自主知识产权的发明专利可节约水资源 25% 以上，节约劳动力成本 70% 左右。

五、集成技术应用成果延伸

（一）创新节水型有机水稻循环技术模式

广银米业先后实施稻田立体综合种养模式，开挖大型环沟建立低碳高密度养殖，实现稻田水循环系统。以有机稻田为依托，坚持统一规划、成片开发，利用稻田的浅水环境和周边开挖环沟，建设循环流水槽，在稻田进行高效立体养殖，通过利用富含氮、磷等营养元素的流水槽养殖水体灌溉稻田，经过水稻种植系统充分吸收利用，净化后的水再回流到流水槽作为水产养殖的优质水源，流水槽排出的水和水产粪便，可以用来灌溉农田，既减少化肥的使用量，又能有效提高土地产出率和资源利用率，辅以人为措施，发展稻田生态养殖技术，既种稻又养水产，达到水稻水产共生，相互利用，在水稻不减产的情况下，通过稻田养殖鱼、蟹、麻鸭等生物，既可以为水稻提供营养，又可以减少田间病虫草害的滋生。实现一地双收、一水多用，从而使稻渔双丰收，达到社会、经济、生态效益的同步增长。

（二）充分利用互联网资源，构建农产品质量安全追溯体系信息平台

新型农业生产经营主体利用互联网技术，对生产经营过程进行精细化、信息化管理，通过移动互联网、物联网、二维码、无线射频识别等信息技术在生产加工和流通销售各环节的推广应用，强化上下游追溯体系对接和信息互通共享，不断扩大追溯体系覆盖面，实现农产品"从农田到餐桌"全过程可追溯，保障"舌尖上的安全"。

（三）建设粮食（水稻）银行和"稻渔空间"休闲农耕区

在种植原有基础上，开展农业生态休闲观光，以传统的农耕文化为主线，扩展农耕体验、农业科普宣传、特色大米及产品游乐，吸引各方游客、学者、农业工作者；通过开展农业嘉年华、插秧节、摄影大赛、摸鱼比赛及丰收节等活动，吸引数十万名游客进园观摩、旅游和学习，极大程度地带动了当地产业链的发展，并带动当地200余名农民的就业，人均收入增长10%以上；在此基础上，与各高等院校和科研单位合作，进行产品研发和创新；同时，宣传爱粮节粮的重要性，鼓励和带动当地中小学生进园学习体验，了解绿色水稻和有机水稻种植技术，体验农耕活动。

（四）大力发展有机农耕"三产融合"模式

广银米业以"绿色生态、创新发展"为理念，流转土地，建设了稻渔立体综合种养、粮食仓储及加工、生态休闲观光、社会化综合服务为一体的一二三产业融合发展示范园区。"一产"重点开展有机水稻种植、稻渔立体生态种养、水稻工厂化育秧、旱育稀植栽培、钵育摆栽机插秧、有机肥施用、生物除草、农机农艺深度融合、绿色高产创建、互联网+农业、质量可追溯等关键技术的示范推广。"二产"重点开展粮食银行运营、粮食仓储、有机大米和休闲食品生产等。"三产"重点开展金融服务、土地入股、收储服务、农业生产资料供给、农机作业、农业技术服务、电商销售、技术培训等社会化服务，并发展休闲观光农业，不断延伸产业链，挖掘农业生产潜力及农产品附加值。通过"一产"提质、"二产"带动、"三产"提效，形成了种植、养殖、加工、流通、社会化服务、农业休闲观光等互相渗透、互相提升的一二三产业深度融合发展模式，实现农业提质增效，取得了显著的经济效益、社会效益和生态效益。

（五）拓展"产学研"深度合作机制，培育自身科技创新能力

广银米业为提升科技创新能力，积极与高等院校和科研院所合作。生产基地是宁夏大学农学院的长期教学实践基地；与宁夏农林科学院水稻研究所、资源与环境研究所长期合作，开展技术支持和试验示范推广；与贺兰县农牧局、贺兰县农业技术推广中心建立产学研生产基地，为贺兰县发展优质水稻奠定了坚实的基础；与国家稻米精深加工产业技术创新战略联盟有机产业分联盟的专家组合作，共同研发新的产品和技术；与高等院校和科研机构合作建设大中型实验室，共同探索有机水稻精深加工技术。

（六）推动知识产权保护和品牌打造

广银米业年科研经费投入302万元，目前已取得2个成果登记、3个发明专利、14个实用新型专利、5个外包装设计专利（表1）。2020年荣获宁夏渔业产业协会特别创新奖，2020年荣获全国渔业综合种养优质稻米评价金奖，2022年荣获全国优佳好食味有机大米金奖并被评为全国稻米精深加工产业技术创新示范企业。

表1　成果或专利

序号	成果或专利名称	取得时间	成果或专利级别
1	有机水稻关键生产技术集成和示范	2016 年	市级成果登记
2	稻鱼空间（包装袋）	2018 年	外包装专利
3	米粉碎米分离器	2018 年	实用新型专利
4	一种稻渔水循环系统	2019 年	发明专利
5	一种磁选式碾米机	2020 年	实用新型专利
6	一种稻田播种施肥一体机	2020 年	实用新型专利
7	一种水稻育秧钵育摆载育苗装置	2020 年	实用新型专利
8	一种水稻育秧机	2020 年	实用新型专利
9	一种小型精糙米分离碾米机	2020 年	实用新型专利
10	一种用于大米的可调式碾米机	2020 年	实用新型专利
11	一种用于大米加工过程中糙米和稻壳分离的装置	2020 年	实用新型专利
12	一种用于水稻钵育摆载的插秧机	2020 年	实用新型专利
13	螺那米多	2021 年	外包装专利
14	蟹尔盖茨	2021 年	外包装专利
15	鸭力士多德	2021 年	外包装专利
16	渔安娜	2021 年	外包装专利
17	一种用于水稻钵育摆栽的插秧机及插秧方法	2022 年	发明专利
18	一种有机水稻除草方法	2022 年	发明专利
19	一种大米碾米用立式砂辊铁辊碾米机组	2022 年	实用新型专利
20	一种大米膨化多级混动式碎米研磨机	2022 年	实用新型专利
21	一种水稻处理用筛分除尘式清粮机	2022 年	实用新型专利
22	一种水稻加工用的混合烘干式粮食烘干塔	2022 年	实用新型专利
23	一种用于大米加工的布袋式脉冲除尘机	2022 年	实用新型专利
24	大米绿色营养早餐包工艺技术研发	2022 年	市级成果登记

（编写人：赵建文　吕永杰　赵凯）

上海松林米业有限公司（上海模式）——发挥 "种养结合" 优势　推进有机水稻 生产标准化技术应用

一、企业概况

上海松林米业有限公司是上海松林食品（集团）有限公司的全资子公司。上海松林食品（集团）有限公司是一家私营企业，1992 年成立，长期从事生猪养殖，现已建立种猪—猪仔—生猪—屠宰—加工—销售一条龙服务体系。年屠宰生猪 28 万头，并注册了 "松林牌" 猪肉商标，完成了无抗（无抗生素）猪肉的认证。"松林牌" 猪肉在上海已有较高的知名度，该集团现已被农业农村部评为国家级农业龙头企业。

上海松林米业有限公司（以下简称松林米业）成立于 2016 年 3 月 30日，注册资金 200 万元，依托上海松林食品（集团）有限公司养殖业的优势，充分利用养殖场猪粪资源专业从事绿色食品、有机食品大米种植，创建了种植管理—收购—储存—加工—包装销售的一条龙服务体系。在松江区委、区政府的关心下，在松江区农业委员会的大力支持下，投入 1 亿多元资金，创建了 108 个种养结合的家庭农场，水稻种植面积约 1 000 hm²。种养业的有机结合、优势互补，以及种养结合家庭农场的创建，为上海生态农业、绿色农业、有机农业生产开辟了新模式。

松林米业为全面推广绿色食品和有机食品水稻生产技术，一是制订了有机水稻、绿色水稻生产操作规程；二是对种养结合家庭农场主每年进行 10 余次的培训，推广应用绿色水稻、有机水稻栽培新技术；三是公司专业人员深入一线指导并检查是否符合生产的管理要求，核实农场主各个生产环节中的农事记录；四是为了充分调动种养结合家庭农场主种植优质水稻的积极性，与 108 个家庭农场签订了绿色食品稻谷收购协议，实施订单农业。坚持多施有机肥，少施化肥（有机生产禁用），既能降本节支，又能改善土壤的理化性质，是提高有机、绿色大米品质的保证；坚持种养结合，符合生态农业、绿色农业、有机农业发展的方向，是实现农业优质、高效的立足点。

　　松林米业以"松林牌"商标为立足点，借助"松江大米"地理标志和"松林牌"优质大米品牌挖掘市场，使得"松林牌"松江大米不但在松江区有很大的影响力，而且在上海也有较高的知名度。2017年针对108个种养结合家庭农场建立了"十统一"模式，即统一绿色水稻专业知识培训、统一供种、统一播种时间、统一施肥标准、统一实施绿色防治、统一分户管理、统一颁发农事记录本、统一考核、统一收购（符合绿色标准）、统一加工销售。2019年，完成了绿色食品大米的申报认证工作，2022年完成绿色食品续展工作。

　　2018年，松林米业投资100多万元，收购了泖港镇田黄村水产良种场21.3 hm² 有机水稻生产基地；同年，在田黄村有机水稻基地旁边扩建约20 hm² 有机水稻种植转换基地，并对新浜镇文华村18.6 hm² 绿色食品水稻生产基地进行升级转换，共申报有机转换面积38.6 hm²，2021年转换期满，获得中绿华夏有机食品认证中心颁发的有机证书。松林米业目前有机水稻种植面积合计为59.9 hm²。

　　多年来，松林米业坚持重质量、守诚信、信誉至上。2018年，"松林牌"有机大米、绿色大米在上海市农业委员会主办的全市优质大米评选活动中荣获金奖，在松江区农业委员会举办的松江优质有机大米的评选中荣获金奖；2019年，在第十三届中国有机食品博览会上获得金奖，在"安信农保杯"上海地产优质国庆新大米评优推荐活动中获得金奖；2020年，获上海地产优质中晚熟大米金奖和"最受市民欢迎奖"，在第十四届中国国际有机食品博览会上获得金奖；2021年，在上海地产优质中晚熟1018品种品鉴活动中荣获金奖；2022年，荣获"中行杯"松江大米评比金奖和最佳品质奖；2023年，荣获第十五届中国国际有机食品博览会金奖。

二、生产单元环境状况

　　松林米业位于上海市松江区，自然条件优越、四季分明、水源充沛、日照充足，适宜优质水稻推广种植。松江地区自古就有"鱼米之乡"的称号。基地位置在松江区浦南的泖港镇、叶榭镇、石湖荡镇、小昆山镇、新浜镇，松江区委、区政府将这5个镇核定为松江区的农业乡镇。产区土地平坦，土壤肥沃，是青紫泥土，保湿保壤性能好；水质良好，灌溉水来自黄浦江二级水源保护区；空气新鲜，松江区环保局对引进企业按环保要求严格把关，产区有 2 000 hm² 黄浦江水源涵养林。尤其是有机水稻生产基地四周有黄浦江支流河岸相隔，周边有水源涵养林，又有隔水沟配套，环境条件优越；道路是生态黑色柏油路，机耕路全是水泥路；进排水沟分开，机耕路两侧是进水沟，相隔 80 m 是排水沟，真正做到小沟通大沟、大沟通河流，实现旱来能抗、涝来能排，确保丰收。

三、科研生产的基本情况

一是松林米业的技术力量强，有两名高级农艺师长期从事农业生产管理，一线经验比较丰富，新技术接受能力较强，另外，聘用 3 位长期工作在农业生产一线的老干部，有丰富的实践经验，工作热情高，持续对各镇种养结合家庭农场开展检查指导工作，了解实际情况，指导有方。同时，松林米业已有 4 名技术员经考核合格，取得了有机食品和绿色食品内部检查员证书，做到生产现场有技术员，加工包装车间有质量检查员。

二是有机水稻植保工作坚持"预防为主、防治结合"原则。在上海市松江区农业委员会技术推广中心的支持下，做到病虫信息联网，病虫防治情报及时交流，坚持防早、防好，提高防治效果。

三是在生物农药的使用上，与上海馥稷农业发展有限公司合作，以做好有机水稻的防病治虫工作。每年 4 月中下旬进行交流沟通，总结上一年的防治效果，对存在的问题做好防治预案，确保防治工作及时、有效。

四是为了精准施肥，提高有机肥利用率，于 2021 年 5 月聘请上海交通大学的农业专家，对种养结合家庭农场水稻种植田块土壤进行全面定点测试，并检测了畜禽粪便中碳、氮、磷的含量。坚持以循环利用为核心，"变废为宝"将养殖业的废弃物利用起来，达到资源利用最大化。

四、有机稻米生产优势与主要风险

（一）有机水稻种植优势

一是地理环境的优势。松林米业选址较好，泖港镇、新浜镇等 5 个镇有"地净、水净、气净"之称，地势平坦，土壤肥沃。特定的地理环境，为有机、绿色水稻种植奠定了基础。

二是有机肥供应充足的优势。108个家庭农场种养结合，全部使用发酵腐熟的有机肥。

三是有特定品种的优势。选用松早香1号水稻品种，具有早熟优势，每年9月25日之前收割，国庆节和中秋节之前上市，被称为"国庆稻""中秋稻"，深受市民的欢迎。把有机大米包装成礼盒，可作为市民走亲访友礼品。此外，还有中晚熟品种松香粳1018，同样品质优良。

四是具有品牌优势。"松江大米"是松江地理标志，松林米业有限公司又拥有"松林牌"大米商标，在上海已经有较高的知名度。

（二）有机水稻生产经营中的困难

一是有机大米价格较高，有的市民难以接受，出现供大于求的现象。

二是有机水稻不能用化学除草剂，需要大量的劳动力。

三是上海对粮田保护十分严格，茬口布局受限制，粮田中的沟系、道路规划也受限制。

四是企业资金有限，研发经费不足。

五、有机水稻生产主要技术特征

（一）具有适宜当地种植的品种

水稻品种为松早香1号和松香粳1018，具有高产、优质、抗逆性强的特点。两个品种是松江区农技服务中心的技术人员经过十几年刻苦钻研精心培育而成，已成为松江区水稻生产的当家品种，米质软糯而不黏，深受城乡居民的喜爱。

（二）具有成熟的生产技术

为了更好服务农业，实现农业增产、农民增收，科技人员在实践中摸索，总结出成熟的生产操作规程，并印制了技术资料，发放给种养结合家庭农场，同时，每年进行技术培训。

（三）自制有机肥

集团种猪场和108个种养结合家庭农场能提供充足的有机肥料，有利于有机水稻和绿色水稻的种植。猪粪尿全部经高温发酵施入稻田，满足水稻生长需求。

六、集成技术主要应用模式

（一）全面实施标准化生产

有机水稻的生产管理必须严格执行 GB/T 19630 的标准。为了抓好有机水稻的生产管理，具体做好以下工作。

1. 加大基础投入

2018 年投入 150 多万元在田黄、文华两个基地建设了隔离带，四周围上高 2.2 m 钢丝网，并种植了绿篱，避免外来人员随意进出。同时，对田内沟渠进行改造，做到进水渠和排水渠分开，进出水分离。

2. 建立田间档案，统一茬口布局

按照有机水稻的种植的标准，拟定了一套可控、可持续、可操作的有机水稻种植规程。为了有效保障有机水稻种植规程的实施，技术骨干和基地负责人均参加了有机颁证机构的培训与考核，做到持证上岗，同时，技术员每年对基地工作人员进行 4 次以上技术培训，使他们熟练掌握有机水稻操作规程。

制订统一茬口布局，春季种植水稻，覆盖率 100%，冬季 50% 土地种紫云英，50% 土地深翻，确保水旱轮作，培肥土壤。实现统一供种，有种子无转基因证明，每亩种子用量不得超过 4.5 kg。统一采购生物防治制药剂，与上海馥稷农业发展有限公司签订供货和技术服务协作，选用适合本地区防病治虫的生物制剂。规定有机肥使用数量，猪粪干粪 2 t/亩，猪粪液 20 t/亩，作为基肥一次性投入，做到肥源不流失，环境不污染，土壤不残留，能满足有机水稻各阶段生长的需求。严格生产管理，如发现个别田块出现叶色较淡的情况时，把施肥管拉到进水口，进水时打开龙头放入粪液，随水补肥。拟定机械使用管理制度，拖拉机、小飞机、收割机、装谷汽车等机械进场后须先到指定场所打扫清理干净，防止混杂。拟定统一收购日期，确保烘干的产品顺利到位。拟定专人专仓保管制度，入库前仓库保持整洁，放好防鼠防虫设施，产品有入库记录，加工前做好冲顶，冲顶大米不得作为有机产品销售。作好大米包装出库记录，包装袋和包装纸符合有机标准。总而言之，从种到收、从收到销各个环节，环环紧扣，责任到人，实现质量标准到位。

（二）坚持绿色、有机之路

为了满足城乡居民日益提高的生活需求，根据生态农业、绿色农业、有机农业的发展目标，上海松林食品（集团）有限公司凭借自身养殖专业优势，把养殖业发展和农业种植结合在一起，探索种养结合的新路子。经种植、养殖、环保等领域的专家讨论，一致认为养殖规模不能太大，猪场周边水稻面积要控制。理由有 5 点：一是根据政府规定，一个家庭农场种植水稻面积应控制在 6.67 ~ 10 hm^2，小型简易养殖场年出栏生猪 1 000 ~ 1 500 头，便于管理和使用；二是每 10 头生猪产生的粪便能满足一块水稻田的需求；三是解决了养殖场的环境污染问题；四是猪粪液通过高温发酵直接用管道网还田，可以大量减少化肥的使用；五是增加土地有机质含量，提高大米的品质。

上海松林食品（集团）有限公司经过反复论证，向松林区政府提交了养殖业和种植业相结合的家庭农场发展新课题，区政府十分重视这一课题，经调查同意先试先行。2012—2016 年，共投入资金近 1 亿多元，创建了 108 个种养结合家庭农场，每个养殖场占地 0.2 hm^2。为了减轻家庭农场主在养殖上的负担，该公司根据养殖规模，统一兑付购买仔猪的资金，统一供应自制饲料，统一生猪收购标准，经测算，每个家庭农场年增收 10 万 ~ 15 万元。

（三）突出种养结合优势

种养结合是一种将种植业与养殖业相结合的有机循环模式，将养殖过程中产生的有机物制作成有机肥料，为种植业提供营养物质，而种植业也可以为养殖业提供饲料来源。

经检测表明，利用猪粪尿液制作的有机肥施用于有机水稻，具有以下 6 个方面的优势。

（1）猪粪尿通过高温发酵产出沼气和有机肥。高温发酵且能杀死粪尿中的病原微生物和有害物质（图 1）。

（2）长期使用有机肥能够增加并更新土壤中的有机质。

（3）长期使用有机肥能改良土壤，土壤中各类营养物质有不同程度增加。此外，土壤孔隙度增加，土壤密度和有害物质含量降低，改善了土壤理化条件，增加了土壤中团粒结构等，并提高了土壤氧化还原电位。

（4）有机肥中含有大量有益菌，有益菌进入土壤后直接参与一系列

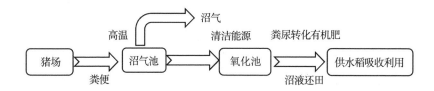

图 1　猪粪尿高温发酵流程

物质能量转换，提高土壤的透气性，增强土壤的保水保肥能力，防止土壤硬化、酸化，有利于提高肥料利用率，耕地质量得以维护。

（5）长期使用有机肥有利于提高有机大米的品质（表 1）。

（6）长期使用自制有机肥，与使用商品有机肥比较，每亩可降低成本约 300 元。

表 1　大米理化标准评价

项目	食味值	蛋白质（%）	水分（%）	直链淀粉（%）
GB 1353—2018 二级优质粳米指标	＞80.0	无规定	＜15.5	13~20
绿色大米检测结果	84.0	8.8	15.0	14.0
有机大米检测结果	87.0	8.1	15.9	16.7

（四）实施病虫草害综合防治

1. 病虫害防治

坚持"预防为主、防治结合"的原则，具体采取以下措施。

（1）农业防治。合理安排茬口布局，春季栽种水稻，冬季 50% 土地栽种紫云英，培肥土壤，50% 土地进行深翻，改善土壤的团粒结构，增加土壤通透性能力。选择适宜于本地区种植的具有抗逆性的高产优质品种。要培育好壮秧；合理稀植，机插秧株行距 30 cm×14 cm，通风透光，有利于植株健壮，提高植株的抗逆能力，减少纹枯病的发生。

（2）物理防治。可采用色板、频振式杀虫灯、黑光灯等物理装置诱杀害虫。在发生稻飞虱、稻蓟马的田块，利用黄板（蓝板）诱杀，或用捕虫器具捕杀害虫；也可根据害虫的趋光性，安装 1 盏黑光灯或频振式杀虫灯诱杀螟虫和稻纵卷叶螟成虫。

（3）生物防治。释放天敌（如赤眼蜂等）控制害虫，同时要保护天敌，严禁捕捉蛙类，保护田间蜘蛛。选择对天敌杀伤力较小的有机生物制剂，避开自然天敌对有机生物制剂敏感的时期施用，创造适宜天敌繁殖环境。使用香根草配合性诱剂控制二化螟、稻纵卷叶螟。可适量放一些青蛙和鸭子，控制虫害。

（4）有机生物制剂防治。参照 GB/T 19630 的要求，在有机水稻的生长管理中，尽量减少有机生物制剂的防治次数，如发现虫口基数较多，提倡早防、早治，确保 1 龄期用药，剂量不得超过标准要求。

2. 杂草控制

在有机水稻栽培中杂草控制是一大难点，采取以下方式操作：一是对杂草较多的田块，在 3 月中下旬提前上水耕翻，让一部分草籽先萌发，然后再进一次耕翻，以减少杂草基数；二是机插秧前，第二期杂草萌发后，坚持浅水耕翻，并在施耕机后面放一块长铁板，把上部一些杂草混入泥中，达到深耕压草的作用；三是平整好土地，做到田面平整，中间无高墩，机插后保持浅水不露泥，起到以水压草的作用。

2023 年 6 月 15 日，松林米业从江苏镇江市天成农业科技有限公司引进 2 000 只鸭子，稻鸭共作面积 6.67 hm²，从目前情况看，稻鸭共作除草效果明显，鸭子生长较快，水稻植株健壮。除了上述措施外，对杂草采用田间人工除草，岸边、路边机械割草。

七、集成技术应用成效

松林米业坚持以"十个统一"管理为基础，以有机水稻技术标准实施为原则，有机水稻种植全部施用有机肥，实现降本节支，既提高了大米品质，又降低了种植成本，提高了种养结合家庭农场的收益。生产、加工、销售一体化服务，提高了水稻种植的效益。有机肥的利用，保护了生态环境，生态效益明显提高。

（一）经济效益

一方面，松林米业的经济收益有了明显提高，2022 年加工销售有机优质大米 233 t，实现年利税 100 万元。

另一方面，家庭农场收入明显增加。一是全面实行有机肥还田后，松林米业对种养结合家庭农场，每销售一头猪补贴 10 元，如全年养殖

1 500~2 000 头猪，可获得 15 000~20 000 元补贴。二是实行统一收购之后，松林米业为了保护农户积极性，在国家水稻收购标准价格的基础上再补贴 20%，即每千克水稻补贴 0.60 元，每亩按 600 kg 稻谷产量计算，每亩增收 360 元，松林米业全年对农户补贴总额为 529 万元。三是达到有机食品大米标准的"种养结合"家庭农场，政府每亩补贴 130 元。

（二）生态效益

一是耕地质量得到改善，研究表明水稻田实施种养结合模式后土壤状况得到改善，土壤氮素、有效磷、速效钾等物质含量都有不同程度提高。二是种养结合的生态模式可以改善环境污染，保护了黄浦江的优质水源。三是种养结合的生态模式可以提高农产品的产品质量。四是种养结合的生态模式可以降低生产成本，经核实有 30% 的种养结合家庭农场，由于有机肥施用得当，每亩化肥用量减少 50%。

八、企业技术应用成果延伸

一是实现养殖业与种植业的有机结合。创建种养结合家庭农场，是实现生态农业、低碳农业的创举，是提高农产品质量的有效方式，是农业增效、农民增收的发展动力。

二是为了有效保护农田生产环境，充分利用好猪粪尿资源，让有限的有机肥发挥最佳经济效益，对有机肥施用做到使用不浪费、用后不流失、作物吸收不残留、环境不污染，实现精准施肥，松林米业于 2021 年聘请了上海交通大学专家进行调研并撰写了题为《生态农场土壤调查及种养循环养分匹配技术研发》的论文，该研究通过调整和改善养分使用，实现种养结合农场养分循环利用，并实现养殖规模与稻田面积合理匹配，为实现精准施肥提供了科学依据。

三是畜禽粪便充分循环利用"变废为宝"。①对畜禽粪尿要高温发酵到位，使其中的有机物和矿物质可以转化为有效的营养成分，并能达到杀菌、除臭等目的。②精准合理使用有机肥，过多使用猪粪尿会堵塞土壤空隙，使土壤透气性、透水性的降低，并导致土壤板结和盐渍化现象发生。③坚持种养结合，不仅可以使畜禽养殖业得到发展，也可以变废为宝，达到资源利用最大化与环境友好的目标，促进生态农业、绿色农业、有机农业的可持续发展。④在猪粪尿发酵过程中可产生沼气，沼气可用来供暖、烧饭、烧水，为企业节省成本。

九、建议与设想

随着人民生活水平的提高，低碳农业、生态农业、绿色农业、有机农业的发展是必然趋势，现针对存在的问题提出如下建议和设想。

一是培育高产、优质、抗逆性强的有机稻米品种，包括有机籼米、有机粳米、有机糯米、有机色彩米等，为市场提供更多的选择。

二是巧妙安排茬口布局，使有限土地发挥最佳的经济效应。例如，水稻收获后，冬季种植红花草，早春红花草与鹅共作；再如，春季水稻与鸭共作，鸭可以清除80%杂草，又能促进水稻根系发育。又如，水稻收获后，每亩及时放入15～20只草鸡，让鸡寻找田间遗留的谷粒、秕粒、草籽和虫子。

三是研究开发有机大米的深加工系列产品，上海松林米业有限公司和上海松林食品（集团）有限公司用有机大米生产有机年糕，还使用有机大米和猪肉搭配做鲜肉粽子，产品附加值明显提高，很受城乡居民的欢迎。此外，企业还计划研发胚米粉、幼儿米粉、有机米酒等，通过深层次开发，提高大米附加值。

总之，要开掘思路，形成特色，为消费者提供品种丰富的有机食品。

（编写人：王龙钦　夏金云　李勤云）

内蒙古天极农业开发有限公司（内蒙古模式）
——持续发挥品种优势　优化品种性状
注重水稻技术集成与应用

一、企业概况

内蒙古天极农业开发有限公司（以下简称天极公司）成立于 2014 年 9 月，注册资金 500 万元，注册了"天极"大米品牌商标；拥有水稻订单基地 1 456 hm²，其中有机基地 176 hm²、绿色基地 213 hm²，标准化基地 1 067 hm²，此外，辐射面积达 6 666.7 hm²；基地位于北纬 46°的黑土地，属于寒地水稻黄金种植带、察尔森水库灌区第一受益区；该企业依托净水、净土、净空气资源禀赋，大力发展生态水稻，是 2020 年全国第十四届冬运会大米供应基地。

天极公司以科技立业，发展现代化水稻生产方式，严把生态育苗、活水灌溉、科学除草关口，严格检测土壤、净化耕种环境，不断更新优质品种。种植过程中采用地膜覆盖技术控制杂草及病虫害，或以稻田养鸭、养蟹、养鱼立体生态循环模式控制杂草，坚持零农药、零激素、零污染。

天极公司有机、绿色水稻基地运行模式为"公司+合作社+订单基地"，管理"七统一"，即统一品种、统一肥料、统一技术、统一收购、统一加工、统一品牌、统一销售，实现了规范化种植、标准化生产、品牌化销售。订单农户科学种植，呈现出高产量、高产值、口感好的"两高一优"效果。精心加工出的大米颗粒饱满、晶莹剔透、米粒清香，米饭具有"软、糯、甜"，饭粒表面油光艳丽，剩饭不回生等特点。

天极公司历经 10 余年坚守"天下大米，极致为怀"的理念，持续研发提高稻米品质，享有较高的社会信誉度和美誉度。2017 年在广东云浮·罗定稻米节暨名优农产品产销博览会荣获"好味道"优质大米金奖；2018 年在中国（三亚）国际水稻论坛被评为"最受欢迎的十大优质大米品牌"；2020 年成为全国第十四届冬运会大米供应基地。天极公司在中高端市场占有率逐年上升，顾客满意率高。

二、生产单元环境状况

兴安盟地形为森林向草原、农田过渡，浅山向丘陵、平原过渡，适宜生长多种优质农作物。天极公司基地在乌兰浩特市乌兰哈达镇东苏嘎查、前公主陵嘎查，地处内蒙古东部大兴安岭南麓生态圈，科尔沁草原腹地，介于北纬 45°55′~46°18′、东经 121°50′~122°20′，属温带大陆性季风气候，年均降水量 442.6 mm，年均日照时数 2 875.8 h，无霜期 134 天，昼夜温差年均 15℃，四季分明，空气清新，环境优美，具有"塞外江南"之美誉。基地平均海拔 263.6 m，发源于大兴安岭深处的洮儿河和归流河分别从城东、城西流过，城南有 1 万 hm² 连片开发的水稻田，城北 30 km处有察尔森水库，水量充足，水质优，为农业灌溉提供优质水源。基地位于农林牧混交区，土壤类型为黑土，土壤肥沃，2017 年经分析检测，土壤 pH 值为 7.75，有机质含量 38.2 g/kg，全氮 1.3 g/kg，有效磷93.8 mg/kg，速效钾 178 mg/kg。

基地水稻以自流灌溉为主，配有补水井等灌溉设施。水稻类型为粳稻，主栽品种：①五优稻 4 号，由黑龙江引进，口感好，品质佳；②天极公司培育的新品种天极 1 号、天极 2 号，适合当地种植，抗性强、品质好、口感佳。

三、生产、科研团队状况

天极公司以水稻品种选育繁为引擎，成立了兴安盟水稻种子育种中心，建设高标准核心研发基地 6.7 hm²。在推广研究员、董事长刘子雁的带领下，依托北京农业大学朱作峰教授、中国水稻研究所金连登研究员、内蒙古农业大学格日勒图教授、昆明理工大学伊日布斯教授、黑龙江五常市水稻协会专家李守哲和刘胜才，以及乌兰浩特市农业技术推广站水稻专家陈凤林等，提供有机水稻高新技术支持服务与指导。同时，该公司还与自治区内相关高校及科研机构建立了合作关系，持续合作研发有机水稻新品种和栽培配套技术，提高有机水稻品质。特别是该公司在专家指导下研发出了水稻有机质地膜覆膜技术，以及水稻覆膜打孔插秧一体机，采取物理方法控制杂草及虫害，且节水、节肥效果明显，生产中应用效果非常好。

天极公司共有员工 25 人，其中技术人员 6 人；培育出 6 个新品种，其中尚有 3 个新品种待审定。技术人员从事有机绿色农业生产 20 多年，有丰富的有机水稻生产实践经验。同时，该公司的机械作业技术人员不断地改进农机作业效能，改良出适合公司基地使用的设备。

四、有机稻米生产优势与主要风险

（一）有机稻米生产优势

兴安盟 6 万 km² 的土地上 1/2 是草原、1/3 是森林、1/10 是自然保护区，有大小河流 300 多条，全年空气优良天数达到 95% 以上，水质达标率 100%。水稻生产区雨热同季、日照充足、昼夜温差大、土壤有机质含量高，在这样良好的生态环境里，生产的大米品质好。

1. 地域优势

基地有以下八大优势。①地域广：兴安盟位于内蒙古的东北部，东北与黑龙江省相连，东南与吉林省毗邻，水稻种植面积最大时达 93 333 hm²，与黑龙江、吉林构成高纬度优质寒地水稻黄金产业金三角。②四季明：这里四季分明，冬冷夏热，雨热同期，冬季的严寒能有效抑制农作物病虫害。③空气新：远离工业，远离污染，空气清新。④光照足：年均日照时数 2 876 h，无霜期达 130 天。⑤昼夜温差大：属温带季风性气候，昼夜温差最高达 15℃。⑥水质优：源自科尔沁草原腹地的洮儿河、归流河河水灌溉，水中含有 15 种矿物质及微量元素。⑦土壤净：基地周边方圆 30 km 内无任何工业企业，环境未受到污染，是原生态的净土。⑧地力强：属农林牧混合经济区，黑土地土壤肥沃，土层深厚，土壤表层腐殖质较多。

2. 技术优势

天极公司技术集成实力强。以推广研究员为科研牵头人，带领 5 名技术人员，联合高校与科研机构，从事有机水稻新品种引育、选育、扩繁及推广。2021 年，以我国优质水稻品种五优稻 4 号为父本，与国内其他 20 多个优良品种进行杂交和回交，培育出适合在兴安盟区域种植的天极 1 号、天极 2 号、天极 3 号、天极 5 号、天极 6 号、天极 8 号水稻新品种，通过区级认定列入区试新品种；同时，集成了羊粪沤制肥+生物质地膜覆盖+秸秆+添加菌剂+活秆收割技术，着重解决杂草及病虫害防治难题，以及水稻地膜技术种植过程中的难题等，既养耕地又提升大米品质。

（二）有机稻米生产主要风险

近几年兴安盟地区自然灾害交替发生，有机稻米生产主要风险有以下几方面。①干旱：兴安盟地形为"U"字形，素有"十年九旱"之说，一般旱情发生在4—6月。②低温冷害：近年来，低温多发生在4—5月，恰是育苗和拟插秧期，不得不延期插秧，造成晚熟且减产。③连续阴雨天：兴安盟雨热同季，降水多发生在6月下旬至7月中旬，或8月中旬至9月中旬，连续阴天和降雨持续2周以上，有暴发稻瘟病、贪青晚熟的危险。④偶发早霜冻：近年来早霜一般发生在9月16—18日，一旦早霜提前就会造成霜冻危害。⑤病虫害：受气候变化影响，多发水稻白粉病、稻瘟病、黑黏虫等，易造成减产。⑥选种与育秧技术风险：个别稻农追求高产，选择生育期长、抗倒伏能力弱的品种跨区种植，在降水量大时会出现倒伏情况；同时，在水稻育秧过程中，个别农户管理不精心、技术不到位，经常发生黄苗等情形。

五、有机水稻生产主要技术特征

天极公司认真贯彻"兴安盟大米"系列规范化标准，以及《天极农业有机水稻生产技术操作规程》《水稻精确栽培技术操作规程》，以标准化技术为引领，不断应用集成技术。

（一）育秧技术

水稻无土碎稻穰基质育苗是无土基质育苗的一种方法，是用水稻脱粒时扬出的碎残枝梗叶、粉碎的稻壳、秸秆、牛粪等做基质，经过高温发酵，配以适当的防病药剂及肥料用于育苗。它改变了传统的常规客土育秧方式，可有效地解决当地稻作区育苗取土日渐困难，以及生产效益与环境保护矛盾的问题，既可以利用再生资源，秸秆还田，又能够保护周边生态环境。

该项技术不受土源等因素的限制，可以提前育秧。发酵稻壳透气性好，育出的秧苗素质好，根系发达、白根多、根条数多、根长、盘根好；整盘秧苗重1.7~2.7 kg，只占土育苗的1/3左右，减轻了运苗时的劳动强度；可有效地减轻苗床病害的发生，移栽到大田后返青快、分蘖早、有效分蘖多。

（二）地膜覆盖技术

自主研发了有机质地膜，以及覆膜、打孔、插秧一次完成的水稻插秧机。在有机水稻栽培过程中，采用地膜覆盖技术控制杂草。同时，解放了劳动力，节约了成本。有机质覆膜后提高了地温，增加了水稻的产量，减少了水分蒸发，而且覆膜后的水稻长势壮，抗性强，减少了病虫的传播。

（三）活秆收割技术

利用自主研发的水稻收割打捆一体机在霜冻以前对水稻进行活秆收割，并在田间自然晾晒，待水分合格后进行脱粒入库。此种方式有三大好处：①能有效地将水稻秸秆中的营养成分持续向稻谷中输入，提高整精米率，减少大米在加工过程中出现炸粒现象。②能减少水稻在收割过程中的损耗，每亩可减少浪费 40 ~ 60 kg。③在田间自然晾晒，省去人工翻晾的工作，下雨也不用担心被雨水浸泡。

（四）水稻低温冷藏技术

有机稻谷利用恒温保鲜库及冷藏库贮存，霜冻过的稻谷存入冷藏库，未霜冻过的稻谷存入保鲜库，以保证大米品质。

（五）大米品质提升技术

施用沤制的农家肥提升土壤有机质含量；将量子能量发生器放置在有机稻田灌溉入水口处，磁化了进入稻田的水，有助提升稻米品质。

六、集成技术应用主要模式

（一）产地条件管控技术要点

天极公司水稻基地土壤、灌溉水、大气等符合 NY/T 391《绿色食品　产地环境质量》的技术要求，适宜发展绿色、有机食品生产；基地周边有自然河流和水利工程，有田间道路和天然林带作为隔离带，自然植被隔离带宽度不少于 30 m，可有效防止外来污染。基地稻田集中连片，其中有机基地 13.3 hm²，生产单元内没有平行生产。

（二）农家肥堆制技术要点

天极公司处于半农半牧区，每年水稻收割脱粒后，水稻秸秆存放至堆肥地点，同时，将养羊农户家中羊粪也送至堆肥地点，缺口部分从牧区购置羊粪，每年 3 月 20 日左右，将秸秆粉碎并与羊粪按照 1：2 的比例均匀掺混，并掺入一定量菌剂，搅拌均匀，洒入一定量的水分，使混合物的含水量达 60%，用铲车打堆发酵。

在堆制的有机肥发酵过程中，每天定期检测，在有机肥表面 30 cm 处温度达 60~70℃时，微生物最活跃，需要大量的水分和营养供其生长，大概需要 1 周的时间，此时须翻堆，铲车翻倒时应使铲斗每次都在最高点抖动翻下，充分混匀，以保证肥料透气性，并及时补充水分。此后随着发酵速度加快，翻堆的次数随之增加，时间间隔随之减少，其间翻堆 7~8 次，当堆温降至 40℃以下，且翻堆后不再升温，堆肥湿度在 35% 以下，形成熟黄、松散、带有香味的有机肥，此时有机肥完全腐熟，完全发酵腐熟在 5 月 5 日前后。用撒肥机及时撒施有机肥，每亩施用 500 kg，并随之翻地。

（三）水稻品种选择和育秧技术要点

1. 水稻品种选择

天极农业所选品种为五优稻 4 号，生育期 137 天，比当地无霜期长 15 天。稻种质量符合 GB 4404.1《粮食作物种子　第 1 部分：禾谷类》规定，纯度≥99%，净度≥98%，发芽率≥90%，水分＜14%。

2. 种子处理

盘育苗每亩用种 7 kg。播种前 5 天，选晴天将种子铺 5~7 cm 厚，摊晒 2~3 天，每天翻动 3~4 次，可杀菌并提高种子活力，促进芽齐。用黄泥水选种，浓度是把鲜鸡蛋放入泥水中能漂出大手指盖大小即可，将晾晒的种子倒入黄泥水中去除秕粒、草籽等，捞出好种子洗净。用 1% 的生石灰水浸种 2 天后捞出，然后继续用清水浸种 7 天左右，种子含水量达 25% 时即可结束浸种。常规催芽，将浸泡好的种子在 30~32℃条件下破胸。当 80% 左右的种子破胸时，将温度降到 25℃控温催芽，要经常翻动。当芽长 1~2 mm 时，温度降到 15~20℃，晾芽 6 h 左右播种。采用水稻无土碎稻穰基质育秧。

3. 苗床期防病

用食用醋精把床土 pH 值调到 5.5 以下，可以抑制立枯病的发生；秧苗 1 叶 1 心期应及时通风炼苗，以增强秧苗的抗病能力。

（四）稻田培肥与科学精准施肥技术要点

用水稻秸秆和牧区羊粪沤制农家肥，春耙地时，每公顷施用 4 500 kg

发酵好的农家肥，一次施足底肥，后期不再追肥。

（五）水稻病虫害防控技术要点

1. 防治稻瘟病

选用抗病品种，发挥品种自身抗病能力，降低个体感染发病概率，控制病害的发生发展。使用枯草芽孢杆菌进行生物防治。

2. 防治虫害

可以利用现有自然天敌（鸟类、寄生蜂、蛙类、蜘蛛等）控制害虫的种群数量，消灭害虫。针对潜叶蝇，可通过壮秧、田平、浅水等促进幼苗早生快发，营造潜叶蝇不易繁殖的环境。负泥虫发生时，可人工用 2 ~ 3 m 长的竹竿，按行来回拨弄水稻颈部，使负泥虫掉落水中淹死。

（六）稻田草害防控技术要点

1. 水稻有机质地膜全覆盖除草技术

水稻有机质地膜全覆盖解决了有机水稻田间杂草难以控制的问题，又具有节水、增温、促进早熟的功效，同时，能防控地下病虫害。水稻全覆膜栽培技术分人工覆膜插秧和机械覆膜插秧两种。地膜厚度要求达到普通地膜厚度的 2 倍，即为 0.12 ~ 0.15 mm，以利于撤膜，应在水稻抽穗前将地膜撤掉，减少残留，防止二次污染。

2. 两次灌水泡田除草技术

在移栽前 10 天左右，即 5 月 10 日灌一次过堂水，使田间土壤保持湿润，诱使杂草种子萌发，并在杂草发芽后进行两次耕耙，可消除杂草 80% 以上；插秧前 2 ~ 4 天，即 5 月 8—10 日进行二次灌水泡田，精细整地。

3. 其他除草技术

（1）采用"浅—深—浅—干干湿湿"的灌溉方式，有助于除草。

（2）采用稻田养鸭、养蟹、养鱼立体生态循环模式，除草灭虫。

（七）稻田休耕技术要点

由于基地冬季寒冷，不能实现稻田轮作，所以稻田冬季休耕，一方面可以调节土壤环境、改善土壤生态，另一方面，寒冷的天气使病虫难以生存，可以减轻病虫害。

（八）稻谷收获与干燥技术及模式要点

水稻抽穗 50 天左右，稻谷黄化完熟率达到 95% 以上时，利用水稻收割打捆一体机在霜冻以前对水稻进行活秆收割，并在田间自然晾晒。此种方式能有效地使水稻秸秆中的营养成分持续向稻谷中输入。待水分降到15%后进行脱粒入库，做到单品种收获、运输、入库，确保有机大米加工原料的品种统一。

（九）稻谷贮存技术要点

分品种单收、单藏。有机稻谷利用恒温保鲜库及冷藏库贮存，霜冻过的稻谷存入冷藏库，未被霜冻过的稻谷存入恒温保鲜库。恒温保鲜库的温度控制在5~10℃，冷藏库的温度控制在-6~-4℃，以保证稻谷口感。仓库安放防鼠、防鸟设施。

七、集成技术应用成效

天极公司始终坚持现代农业高标准发展方向，以科技为先导，农艺农机相结合，加强集成技术应用，效益显著。

（一）经济效益

1. 企业效益

通过集成技术应用，确保了水稻种植标准化，稻米的整精米率提升5%，有机水稻年产量稳定高于1 100 t。

2. 项目区和辐射区农民增收情况

天极公司采取订单服务协作模式带领农户致富，基地订单农户生产的有机水稻价格平均是普通水稻价格的2倍。同时，采用多项节本增效技术措施，集成技术有机种植与传统有机种植经济效益比较如表1所示。

表1　集成技术有机种植与传统有机种植经济效益比较

项目	集成技术有机水稻每亩收支明细	传统有机水稻每亩收支明细
秧苗	40 盘×5 元/盘=200 元	40 盘×5 元/盘=200 元
翻地	40 元/亩	40 元/亩
耙地	35 元/亩	35 元/亩
捞草	20 元/亩	20 元/亩
肥料	180 元/亩	220 元/亩
地膜	120 元/亩	0 元/亩

（续表）

项目	集成技术有机水稻每亩收支明细	传统有机水稻每亩收支明细
插秧	260 元/亩	100 元/亩
除草	80 元/亩	600 元/亩
收割	120 元/亩	80 元/亩
浪费量	5 kg/亩	45 kg/亩
出米率	55%~58%	45%~48%
投入金额合计	1 055 元/亩	1 385 元/亩
亩均产量	440 kg/亩	380 kg/亩
亩收入	440 kg/亩×6.6 元/ kg=2 904元	380 kg/亩×5.8 元/ kg=2 204元
利润	2 904 元/亩-1 055 元/亩=1 849 元/亩	2 204 元/亩-1 385 元/亩=819 元/亩

注：本试验品种为五优稻 4 号。

通过集成技术的应用，每亩利润高于传统有机种植方法 1 030 元，使有机稻农增收，也使企业增利，实现"双赢"。

（二）社会效益

集成技术的应用有助于水稻无土碎稻穰基质育秧技术、水稻地膜覆盖技术、水稻保鲜技术、机械活秆收割技术的推广示范，对促进水稻产业的可持续发展，促进水稻生产的技术进步，促进农村生态环境保护，发展农村经济起到了重要的作用。

（三）生态效益

有机水稻栽培及发展稻田养殖立体生态农业具有改良土壤理化性质、保护水资源、保护环境的作用。在生产中不使用人工合成的肥料、农药、生长调节剂等物质，可有效的改善土壤结构；不采用基因工程获得的生物及其产物，遵循自然规律和生态学原理，协调种植业和养殖业的关系，有助于促进生态平衡和资源的可持续利用。

八、集成技术应用成果延伸

天极公司通过科技示范将有机水稻生产技术形成完整的体系，推广到兴安盟水稻产区以及赤峰、通辽、呼伦贝尔等地，起到了科技示范引领的作用。

　　天极公司被评为 2017 年度内蒙古自治区诚信企业，获得 2019 年度国际中国绿色典范奖，2020 年被国家粮食和物资储备局等五部门评为"全国粮食安全宣传教育基地"，2021 年被农业农村部农产品质量安全中心评为"全国农产品质量安全与营养健康生产主体"。

　　目前，水稻活秆收割打捆一体机正在申请专利，同时，正在研发水稻"五位一体"技术。通过不断攻克有机水稻生产过程中遇到的技术难题，简化有机水稻种植技术，不断满足市场对有机稻米产品的需求。

（编写人：刘子雁　刘艳强　林雨菲）

海宁欣农生态农业有限公司（浙江模式）——坚持以标准化生产技术应用为主导　形成有机水稻生产"小而精"特色

一、企业概况

海宁欣农生态农业有限公司（以下简称欣农公司）有机基地总面积约 12 hm²，位于浙江省嘉兴市海宁市袁花镇，处于北纬 30°24′、东经 120°46′。袁花镇气候温和，四季分明，光照充足，雨水充沛，水质优良，年均气温 15.9℃，年均降水量 1 167.3 mm，平均相对湿度 70%，年均日照时数 2 039.4 h，平均无霜期 231 天。土壤为黄壤和红壤，pH 值 7.0 左右，土壤营养含量：有机质 30 g/kg，全氮 2.14 g/kg，有效磷 35 mg/kg，速效钾 124 mg/kg。气候与土壤条件非常适合有机水稻生产。

欣农公司是香港查氏集团旗下的富湾有限公司投资的企业，成立于 2019 年 12 月，公司依靠现代化数字农业技术，主要从事有机水稻和有机瓜果蔬菜等农产品的生产，现有员工 25 人，注册资金 1 036 万元。项目区投资 2 000 万元，建设了标准化农田、硬质路面与排灌站等基础建设，配备了各种农业机械和加工贮藏设备。

二、集成技术应用模式

质量是企业的生命，标准是质量的灵魂。把控有机水稻生产的关键是执行标准化和技术创新。

（一）有机水稻生产单元产地条件与管控技术应用模式

（1）土壤要求：有机水稻生产选择无污染、土壤肥沃、排水良好的土地，土壤 pH 值为 5.5~7.5。

（2）水源要求：选择可靠的水源，并实行高效节水技术。

（3）产地条件配置：水稻产地通水、通电、通路；排灌水分设；配备太阳能杀虫灯；建有稻鸭共生田间鸭棚和稻鱼共养水渠等设施；配备必要的农机具及育秧设施等。

（4）管控措施：产地周边装有电子监控设备。对各种投入品的使用，采用出入库代码管理方式，并在使用前后详细记录。

（二） 水稻品种选择与育秧技术

（1）选择适应本地气候和土壤的水稻品种。优先选择本地传统的主栽优质水稻品种。在适合有机农业生产体系统的前提下，也选择一些具有耐旱、抗病虫害、高产等特性的新品种做引种试验。做到种植一种、备选一种、储备一种。

（2）育秧技术：使用有机肥料提供养分，禁止使用任何化学肥料。制定合理的灌溉计划，避免过度浇水。保持适宜的环境温度和湿度。定期除草，并强化病虫害防治措施。

（3）应用模式要点：种植密度要适中，太密会导致秧苗腐烂和病虫害传播。要定期轮作和休耕，以保持土壤健康并降低病虫害发生率。

（三） 农家肥的沤制技术

（1）选择合适的原材料：农家废弃物（如牛粪、鸡粪、猪粪等）都可以用来沤制农家肥，同时还可以添加其他有机废弃物（如枯枝落叶、稻草等），以提高肥料质量。根据不同原材料的性质和养分含量，进行合理配比。

（2）控制湿度：农家堆肥在沤制过程中需要保持适当的湿度，过干或过湿都会影响发酵效果。一般来说湿度控制在60%左右最为适宜。

（3）调节温度：沤制过程中需要保持一定的温度，以促进微生物发酵。温度一般控制在50~60℃。

（4）堆沤方式：可以采用平堆、窝坑等不同的堆放方式，以提高通风和控制水分的效果。

（5）发酵时间：一般需要进行30~40天的发酵，发酵时间过短会导致肥料质量不达标，过长则会浪费资源。

（6）应用模式：农家肥堆沤技术可以应用于有机水稻、蔬菜、果树、花卉种植等多个领域，在实际操作中要根据当地气候和土壤条件进行相应调整。

（四） 稻田培肥与科学精准施肥技术

有机稻田培肥和科学精准施肥都是为了保证农产品的产量和质量，其实施要点如下。

（1）优先使用农家有机肥作基肥，根据水稻生长不同阶段的营养需求，适量补充商品性有机肥作追肥。

（2）有机肥料是有机稻田培肥的核心。可以使用大豆饼、棉籽饼、油菜饼等植物渣滓，或动物粪便等来制作有机肥。在播种前或幼苗期间，可以使用覆盖材料来保持湿度和温度。常见的覆盖材料包括秸秆、草炭等。稻田墒情管理也很重要，在水浸条件下开展机械耕作，促进土壤微生物群落的生长。

（3）科学精准施肥技术：根据不同土壤类型和水稻品种特点，制定相应的施肥方案，并根据实验室分析结果适当调整。采用撒肥机等施肥设备，使施肥操作更加精准。定期进行土壤检测，以了解土壤的养分水平和pH值。根据检测结果，适量调整施肥量和施肥方式。

（五）病虫草害防控技术

欣农公司有机水稻产地处于浙江省东北部，主要病害有稻瘟病、纹枯病、稻曲病、白叶枯病等，主要虫害有螟虫、稻飞虱、稻叶蝉、稻象甲等，主要杂草有稗草、鸭舌草、千金子、水花生等。该公司采取的病虫草害防控技术如下。

（1）增加土壤有机质含量：通过施用有机肥、秸秆、绿肥等方式，增加土壤有机质含量，改善土壤生态环境，提高植物抗病虫能力。

（2）种植抗病虫品种：选择抗病虫的优良品种种植。

（3）生物防治：使用微生物菌剂、天敌等进行防治。

（4）机械除草：采用拔草机、割草机等机械设备除草，但须注意不要破坏水稻植株。

（5）人工除草：雇工进行人工除草，但须注意除草时间和方式，不能影响水稻生长。

（6）农业生态系统调节：通过建立多样化的农业生态系统，增加优势生态因子和天敌数量，降低病虫害发生率。如种植香根草、中草药及香辛类植物等。

（7）应用"稻鸭共生"技术：在稻田中放入鸭子，鸭子会在稻田里吃掉杂草、害虫和小型水生动物。

（六）稻田休耕、轮作技术

（1）休耕：一部分土地在生产季节不进行耕作，让地力自然恢复并积蓄养分。这样可以减少有机肥的使用，提高土壤质量。

（2）轮作：通过在不同季节周期内轮换不同的作物，使土壤能够得到改良。例如，在秋季播种大豆或绿肥植物，在春季播种水稻。

（七）秸秆处理技术

（1）堆肥：将稻草堆放在室外或设备内部进行自然发酵，转化成有机肥料。这种方法可减少秸秆对环境的污染，同时增加土壤肥力。

（2）生产生物质能源：将秸秆切碎、干燥后制成颗粒状或薄片状生物质能源制品。这种方法不仅能减少农田废弃物对环境的污染，还可以为当地提供清洁能源。

（3）饲料：采用"农牧结合、资源综合利用"的模式，将秸秆作为动物饲料。这种方法不仅可以综合利用秸秆，同时也能为环境保护作出贡献。

（八）稻谷收获与干燥技术

（1）机械化收割：使用收割机进行收割，可以提高工作效率和收割质量。但须注意的是，机械化收割可能会造成土壤被压实。

（2）人工收割：人工收割可以避免压实土壤，但劳动力成本较高。

（3）空气干燥：空气干燥是传统的稻谷干燥方法，通过自然风力或风扇使稻谷水分含量下降。这种方法简单易行，但时间较长，并且容易受天气影响。

（4）太阳能干燥：利用太阳能进行加热以干燥稻谷。这种方法需要投资购买太阳能设备，并且受天气影响较大。

（5）机械干燥：利用稻谷干燥机快速、高效地干燥稻谷。这种方法需要投资购买烘干机械设备，并需要有足够的电力供应。

（6）在应用模式方面，有机稻谷收获和干燥可以由农民合作社、社区、农业合作组织等合作进行，减少个体农民的劳动力投入和设备投资。同时，也可以通过发展稻米加工业，提高有机稻米的附加值。

（九）稻谷储存技术

欣农公司主要采用了以下3种储存方法。

（1）包装储存法：将稻谷装入密封的塑料袋或金属罐中，可以延长稻谷的保质期，适用于小规模有机农场。

（2）干燥储藏法：使稻谷的水分含量降至适当水平，防止稻谷发生霉变。通常使用通风、加热、太阳能干燥等手段来达到目的。

（3）真空包装法：将加工好的有机大米装入食品级的塑料袋中抽真空后密封，放入冷库储存，温度控制在5℃左右，并做到随销随取。

总的来说，稻谷贮存模式因地区、规模和需求而异。应根据自身情况选择适合的模式，以延长稻谷的保质期。

三、发展模式特征

（一）对接"产业振兴"之路

欣农公司立足盘活原有存量资产和土地资源，在投资企业和当地政府的支持下，建设了有机农业生产基地，取名"查爷爷有机农场"。同时，对接当地政府对产业振兴的布局，强化设施装备配备，建设标准农田，实施多元产品生产，推进标准化构建，打造高品质有机产品基地，促进农业生产模式创新，带动"三农"发展。

（二）对接"产学研"融合发展之策

欣农公司设立之初，面对起步晚、无经验、人手少等客观问题，决定依托科技支撑，走"产学研"融合发展道路，全权委托上海浦东百欧欢有机生态农业产业研究院开展专项规划设计，边建设边生产。在完成前期建设后，欣农公司又先后与浙江大学、中国水稻研究所、浙江省农业科学院、江苏盐城生物工程学校、嘉兴市农业科学研究院等专业机构和科技团队建立了"产学研"合作机制，联合开展有机水稻、有机果蔬、有机中草药等领域的科技项目研发、技术标准编制、研学基地建设，努力实现自身科技能力的提升。

（三）对接有机农业"小而精"发展之道

欣农公司将"查爷爷有机农场"定位为"小而精"，寻求符合自身特色的发展之道。"小"即充分利用现有约 12 hm^2 的有机小农场做文章，从中分设有机水稻种植区、有机果蔬种植区、有机中草药种植区、有机生活乐享区、有机农业体验馆等。"精"即以有机农业标准化实施为基本点，做到技术应用要精准，生产监控要精致，操作团队要精干。

欣农公司因地制宜，突出特色，"小而精"具体体现在"五个一"上：一种"新特"，体现于设施新、布局新、环境新，品种特、技术特、感观特；一张"名片"，体现于基地位于查济民、查良镛故里，香港查氏集团回乡投资，定名"查爷爷有机农场"；一片"场景"，体现于种植多种有机植物，多重体验身临其境，乐享多项农耕文化；一个"窗口"，体现于现场可采摘，进内有讲解，品尝有场地，上海设专店，农场有直购，线上可网购；一往"情深"，体现于有故人情怀，有精致新品，有观赏情趣。

四、集成技术应用成效

（一）注重品牌打造

欣农公司 2020 年被评为浙江省农业数字化应用先进单位，2021 年被农业农村部科技教育司、浙江省农业农村厅评定为农业科技示范展示基地、浙江省高品质绿色科技示范基地，2021 年被评定为海宁市中小学生研学实践教育基地，2022 年被评定为浙江省科普教育基地，2022 年被评定为嘉兴市中小学研学基地，2022 年被评定为嘉兴市职工疗休养基地。

欣农公司的有机大米 2022 年荣获优佳好食味有机大米金奖，2023 年获得嘉兴市"好大米"称号，此外，在第四届中国有机稻米全产业链创新发展大会上获得有机大米品牌金奖。

（二）农文旅研学拓展

针对农文旅发展需要，欣农公司组建了专门的文旅接待团队，研发农旅活动课程，开展多种体验式的研学活动，让中小学生和游客在实践中获取知识。同时，设立了农耕文化餐饮，实现从农场种养到餐桌品尝的特色服务，带动了企业经济效益的增长。

（三）人才团队培养

欣农公司从产业发展的长远规划出发，吸收年青人加盟，从事农业生产、文旅讲解、产品营销、餐饮接待、文创策划、项目申报等工作。同时，还聘请相关专家，以讲课和现场指导的方式来培养岗位上能独当一面的年青骨干，为公司的可持续发展培养人才。

（编写人：俞国屏　沈建平　代纪坤）

南京瀚邦生态农业科技有限公司（江苏模式）
——依托清水技术　深耕有机种养模式　提升稻虾共作集成技术与应用成效

一、企业概况

南京瀚邦生态农业科技有限公司（以下简称瀚邦公司）成立于 2010年 5 月，2010 年开始开展有机特色种养，并于 2013 年 12 月首次通过有机认证。瀚邦公司基地坐落于江苏省南京市六合区竹镇镇，生产基地总面积133.33 hm²，拥有有机稻虾综合种养、有机蔬菜种植、水产养殖 3 个示范区。该公司主要采用有机稻虾综合种养模式，以三级净化水系统为生产技术核心，物联网技术应用为产业技术体系，通过远程数据采集和品质管控平台，用科学、高效、规范的管理方式，进行有机作业生产，并取得稻米有机认证、蔬菜有机认证，以及水产有机转换认证。

瀚邦公司自有有机大米品牌市场反响良好，形成了一大批稳定的消费群体。产品销售分线上、线下两种方式，同时，定期举办农场体验活动为线上线下销售引流，做到线上有展示、线下有体验、产品有品质、服务有保障、客户有黏性。

瀚邦公司取得省市级区域公共品牌"食礼秦淮"和"茉莉六合"授权，并在历届省市级大米评比中取得不俗的成绩。2017 年，获得江苏省首届公正杯"江苏好大米、江苏好杂粮优质产品奖"；2020 年，在江苏省稻田绿色种养大赛获得"渔香米金奖"；2020 年，在南京好大米品鉴评选中被评为"南京稻田综合种养优质品牌"；2020 年，被评为"竹镇镇庆丰收乡村旅游示范基地"；2021 年，获得第五届"前黄杯"江苏好大米品鉴推介会"十佳综合种养大米"特等奖；2022 年，在首届"国稻有机米联杯"全国有机稻米优佳好食味品鉴评选争霸赛中获得"有机粳米综合金奖"；2023 年，在第七届"芳桥杯"江苏好大米品鉴推介评奖活动中荣获江苏省"十大品牌"称号。

二、生产单元环境状况

南京市六合区属于属北亚热带季风暖湿气候区，气候温和，雨量充沛，光照充足，四季分明。风向随季节变化，春季多东风，夏季为南风和西南风，秋季多东风和东北风，冬季多北风和西北风。年均降水量941.6 mm，年平均气温15.6℃，最高气温36℃，最低气温-8.2℃，无霜期254天，光照时数1 973 h。

瀚邦公司生产基地位于南京市六合区竹镇镇竹墩社区，方圆50 km内没有工业污染，区域内的坑塘水面、水库水面以及河流湖泊面积为1 169.08 hm²，占土地总面积的5.54%，水系较发达，农田海拔高度8～35 m。土壤种类以马肝土、岗黄土、黄白土为主，土壤有机质含量平均为1.3%，全氮含量平均为0.12%，碱解氮含量平均为99 mg/kg，全磷含量平均为0.16%，速效磷含量平均为6.2 mg/kg，速效钾含量平均为90 mg/kg，pH值6～7，适合有机稻米的生产。

三、生产、科研团队状况

瀚邦公司团队由3名研究员、8名中级技术人员及18名企业专职人员组成，并拥有强大的技术支持团队。江苏省农业科学院粮食作物研究所所长王才林研究员为公司提供种植技术支持；南京农业大学有机农业与有机食品研究所所长和文龙教授带领团队协助公司制定产品标准并研发技术专利；扬州市农业科学院张家宏研究员、江苏省淡水水产研究所薛辉研究员、江苏省农业技术推广总站倪玉峰推广研究员、南京农业大学王强盛教授协助公司制定企业综合种养技术规程。

四、有机稻米生产优势与主要风险

（一）生产优势

瀚邦公司的核心产品为清水虾田米，并着力打造"0农药、0化肥、0激素、0除草剂、0转基因、0添加"的"六零"标准。

1. 强化环境要求，提升水源标准

打造有机生产环境是有机食品生产最重要的环节，采取有机稻虾综合种养生产模式和环境友好型生产方式，不造成环境污染、生态破坏以及生物安全风险。瀚邦公司采用专利技术对生产用水进行三级净化，在有机生产区域内的灌溉水、养殖水及生产尾水均通过物理吸附、水生植物净化、微生物降解进行处理。采用实时监测系统对进排水渠及塘口进行水质监测。经过三级净化后，水中的重金属、硫化物和大肠杆菌检测值均接近零。

2. 重视大米口感，优选合适稻种

瀚邦公司种植多品种大米，其中南粳系列大米最受市场欢迎。其育种人王才林博士在任职江苏省农业科学院粮食作物研究所所长期间，带领团队针对越光米的特性，对大米的肽链进行缩短改良并加入黄米基因，最终育成了适合江苏太湖稻区和上海地区种植的南粳系列品种。2016 年，在日本广岛举行的"中日优良食味粳稻品种选育及食味品鉴"学术研讨会上，王才林博士选育的南粳 46 一举战胜日本稻米品种越光米，荣获"最优秀奖"。

3. 优化田间技术，完善种养体系

基地采用物联网技术，通过远程数据采集系统和品质管控平台，遵循有机标准，利用 HACCP（危害分析与关键控制点）原理对稻田环境、稻田灌溉（养殖）用水及其稻田小龙虾养殖全过程的关键控制点进行有效控制，并针对食品安全、环境保护、员工健康和安全、动物福利及可持续发展等方面制定符合性生产规范，以保证稻田养殖小龙虾全过程的健康和安全，稻田养殖环境处于可持续发展状态；同时，以有机生态农场建设为主，着重解决规模化养殖和精细化管理之间的矛盾，开创了有机农作物种植和水产养殖相结合的共生共养新模式。

4. 重视收割储存，确保营养健康

清水虾田米的突出优点是稻米品质优。瀚邦公司采用国际领先烘干工艺，严格把控稻谷低温烘干，做出的米饭色泽微黄，晶莹剔透，口感柔软滑润，富有弹性，冷而不硬，香型稳定，营养易于吸收，食味品质极佳。

（二）主要风险

（1）有机稻虾综合种养对于水稻抗病虫害、抗倒伏等能力的要求更高，水稻品种在满足有机稻虾综合种养茬口安排和稻米品质要求上仍有不足。

（2）由于有机稻虾综合种养的特殊方式，稻田长期浸在水中，田块比较易陷，导致水稻不适宜采用机插秧，仍采取人工插秧，较普通种植耗费更多劳动力，因此种植成本较高。

（3）有机大米的市场认可度不高，大部分人对有机稻米的认知还停留在"不打药、不施肥"，有机大米的销售也存在一定的困难，"劣币驱逐良币"的情况时有发生。

五、集成技术应用主要模式

（一）智慧种养

合理运用科技手段，不仅仅可以节省人工，更从数据端对生产给予精准管控。瀚邦公司与南京农业大学奥科美互联网+有机农业联合实验室运用智能化农场管理方式，建立了标准化生产体系、透明化管理体系，实现有机农产品科学化、规范化生产及管理。

（二）稻虾共作的生产管理

1. 防草与除草

瀚邦公司把物理除草、自然除草的方式贯穿于水稻种植全程。稻田中不同的杂草种子在发芽过程中对氧气和光照等环境条件的要求有所不同，可利用其生物学特性，采取厌氧、遮光、水体腐败等不同措施达到安全除草的目的。在穴盘育秧期间，着重通过合理控制水位，制造厌氧环境，达到自然除草的效果。

在稻虾有机种养系统中，小龙虾可起到除草的作用。小龙虾是生活在浅水区域的甲壳动物，在稻虾共生的环境中，小龙虾会吃掉和踩掉多数杂草。

相关研究表明，在生态系统中某些植物残体的分解产物能抑制植物种子的萌发和生长，如稻草残留物能抑制多种杂草种子的萌发。通过从育种到收割的全过程管理，实现自然防草、除草，并辅以人工除草。

2. 肥水运筹

除合理施用有机肥外，有机稻虾综合种养模式也能给稻田提供优渥的肥料来源。小龙虾从幼体到成体，一般会经历 11~12 次蜕壳，小龙虾一生蜕壳次数更是多达 40~50 次。在农业上，虾壳可以促进种子发育，提高植物抗病菌能力。小龙虾能吃掉水田中的浮游生物（如一些藻类、红虫）和底栖动物（如水蚯蚓），水体中很多生物都会消耗田块中大量的肥料，小龙虾吃掉这些生物也就减少了肥料损失；同时，小龙虾排出的粪便又起到了增肥效果。

因为坚持 10 多年不使用化学合成的肥料、药物，瀚邦公司生产基地的土壤和灌溉水中，不含化学合成的药剂、重金属等，形成了一个自然和谐的环境。

3. 防病虫害

坚持"预防为主、综合防控"的原则，优先采用物理防治和生物防治方法。

（1）虫害防控。杀虫灯诱杀成虫；在田埂种植香根草以诱杀害虫；利用天敌（如青蛙等）控制害虫的数量；使用有机认证机构认可的生物源农药预防和控制虫害；同时，小龙虾也可消灭部分落入水中的害虫。

（2）病害防控。有机水稻常见的病害有稻瘟病、恶苗病、纹枯病和稻曲病等。通过栽培强秧、合理种植、科学调节水肥、及时搁田、控制高峰苗期等方法，控制病害的发生，并增强作物的抗逆性。

4. 摩擦与浑水环境助生长

（1）小龙虾以栖藻类、水生昆虫、鱼虾、麦麸、米糠、黄粉虫等为食，其日常活动会与稻田和水稻产生一些摩擦，稻田土质会更加松软，使水稻根部易于呼吸，利于水稻生长；因为活动摩擦的缘故，也增加了稻株间的空气流动和水中的氧气含量，使得水稻基部枯叶及时剥落，刺激稻株生长健壮、抗性增强，对纹枯病控制效果较为明显。

（2）小龙虾在稻田里游动，搅浑稻田水，形成浑水种养环境。一般情况下浑水更适合水稻种植对环境的要求，浑水中营养物质更丰富，更有利于水稻生长。稻田中耕的浑水效果也尤其出色，有助于疏松表层土壤，改善土壤渗透性，促进水稻根系生长。

5. 秸秆还田

水稻破口扬花期，适时使用有机肥叶面喷施，促进灌浆，提高产量和硒元素含量，提高稻米品质；至水稻黄熟末期（稻谷成熟度达 90% 左右）可收获。收获时，留茬高度 45 cm 左右，供稻后虾食用以及秸秆还田。

秸秆还田在避免秸秆焚烧造成的大气污染的同时，还有增肥增产作用。秸秆还田能增加土壤有机质，改良土壤结构，使土壤疏松、孔隙度增加、容量减轻，提高土壤微生物活力，促进作物根系的发育。

（三）小龙虾管理

1. 环沟建设

稻田环沟面积占田块面积的 10% 以下。以 2.67~4 hm² 为一方塘进行环沟建设为宜，最大不超过 6 hm²，环形沟上沟宽 4~5 m，下沟宽 2~2.5 m，田面以下垂直深 1.2~1.5 m，坡比 1：（2~3）。田埂高出田面1.0 m 以上，埂面宽 2~3 m。田面越大，环形沟相应越宽。进水口应用60~80 目尼龙网过滤野杂鱼苗和卵粒，排水口用 40 目的过滤网封堵防止小龙虾外逃。田埂上应用加厚塑料膜构建防逃网，网高 30 cm 左右，并用木棒、金属棒或塑料棒固定。田面的进排水口分别位于田埂上部或中部，出水口在环沟底部，高灌低排。田块四周的外围架设防盗网和监控设备。

2. 种苗投放

稻前虾于 3 月中下旬投放幼虾约 6 000 尾/亩；稻中虾于 6 月初投放约6 000 尾/亩于环沟内，不影响正常水稻栽插，也可于水稻栽插后投苗，最迟应在 7 月上旬完成。稻后繁苗于 9 月底前，每亩投放经异地配组、无病无伤、附肢齐全、规格为 30 g/只以上、当年养成且未排过卵、性比约为1：1 的亲本虾。亲本虾每亩投放量最高不超过 75 kg，投放于环沟中交配产卵并在洞穴中越冬。

3. 水草管理

水草布局一般为挺水型、浮水型和沉水型 3 层。挺水型水草如茭白、莲藕、菖蒲、鸢尾等，一般种植于田埂内侧水线以下 20 cm 左右的地方；浮水型水草如水花生、蕹菜、水葫芦等，一般固定种植于田埂内侧正常水线上下，并向环沟中部延展；沉水型水草如伊乐藻、轮叶黑藻、眼子菜、黑藻、狐尾藻、水韭菜等，一般种植于环沟两侧的水面以下的坡面或底部。常规水草组合一般选择茭白、水花生与伊乐藻或轮叶黑藻组合；田面种植伊乐藻或轮叶黑藻，环沟种植茭白、水花生和伊乐藻或轮叶黑藻；水草面积一般占水体面积的 60% 左右。

4. 饲料投喂

投喂选用豆粕及粉碎的冻鱼等，气温 28℃ 以下以动物性蛋白为主，气温 30℃ 以上以植物性蛋白为主，定时、定点、定量投喂。3 月以后，当水温上升到 10℃ 以上，发现有小龙虾出洞活动时，此时的稻后虾为上一年投放的亲虾以及亲虾繁育出的仔虾，一方面应投放大眼地笼捕捉亲虾上市，另一方面应及时投喂，日投喂量为存塘虾苗重量的 3%～6%；稻前虾养殖，日投喂量为存塘虾重量的 6%～8%；稻后虾亲本投放后至进入洞穴前日投喂量为存塘亲虾重量的 6% 左右。饵料投喂时间一般在傍晚落日后。投喂方式一般是定点投放在投饵台上。当水温低于 10℃ 时，一般不投喂或少投喂。

5. 捕捞原则

每年 3 月中下旬在种好水草的稻田投放虾苗，4—5 月即可收获稻前虾；6 月插秧季投放第二茬虾苗，7—8 月可收获稻中虾；秋季水稻收割前，放养繁殖亲虾，翌年 3 月上市稻后虾早苗。

（四）水质调控

冬春时期，水质偏瘦，不利水草和有益藻类的生长，并导致青苔大量发生，破坏水质。盛夏季节藻类容易暴发，造成水质恶化。在这两个阶段要适当施加生物制剂并培植有益藻类进行水体控藻。

农业作业离不开水，瀚邦公司在农业用水上一直在摸索，不断地总结更新生产技术。自创了三级净化水系统，在沉淀净化池设置生物净化层、水草净化层和物理净化层，对养殖尾水进行有效的净化，并增加水体含氧量。

六、集成技术应用成效

瀚邦公司为江苏省农业科技型企业、南京市六合区龙头企业，长期致力于有机种养。生产基地现为江苏省稻田综合种养试点项目核心示范基地、江苏省水产养殖全程机械化示范基地、南京市农业科技产学研合作示范基地、南京市智慧水产物联网示范基地、竹镇镇庆丰收乡村旅游示范基地、南京农业大学智慧有机农业试验站。

（一）经济效益

瀚邦公司采用有机稻虾综合种养，在除草方面省去不少人工，不但节省除草人工费用 450 元/亩，土壤也因为不使用化学除草剂而更加肥沃健康。

有机稻虾综合种养模式可以实现一水两用、一地双收，保证有机水稻产量。这种模式大幅提高了稻田效益，一年可以收获一季有机水稻、两茬小龙虾成虾和一茬虾苗，亩均纯收益达 4 000～5 000 元。

（二）社会效益

瀚邦公司在坚持有机种养的同时，也在做技术输出，邀请专家给当地村民做有机讲座，推广有机理念和技术方法，以标准引领生产、以技术带动农民。周边的村民也开始学习有机种植、养殖技术。

通过长年实践，形成 Q/21150NJHB《稻虾综合种养技术规程》和 Q/211501NJHB《清水虾田米》两项企业标准；取得 2 项发明专利和 2 项实用新型专利：一种水产微生物净水蜕壳养殖系统及工艺（专利号 ZL201911387007.2）、一种用于水产养殖的三级净化水系统（专利号 ZL201911387003.4）、一种水产养殖环境微生物治理设备（专利号 ZL201922416932.5）、一种水产微生物净水蜕壳养殖箱（专利号 ZL201922416931.0）。

通过水位调节、水质调控、水草维护、科学投喂，生产期间全程禁用化肥农药，实现有机生产、生态循环种养。

（三）生态效益

有机农业本身就是一种可持续发展的作业模式，不使用化学农药和化学肥料。有机种养循环，种植产生的废弃物用作养殖饲料，养殖产生的废弃物成为种植的肥料，因地制宜、就地取材、循环利用、变废为宝，促进人与自然和谐共生。

瀚邦公司的种养基地自然资源丰富、生态环境优美，在此地从事有机生产，不仅带动了当地农民就业，而且保护了当地的生物多样性，这正是瀚邦公司选择从事有机农业的初心。

（编写人：赵玉平　王伟　陈彬彬）

梅河口吉洋种业有限责任公司（东北模式）

——以培育优质品种为依托　创新
"稻萍蟹"有机生态技术

一、企业概况

梅河口吉洋种业有限责任公司（以下简称吉洋种业）是一家集科研、种子选育、有机水稻生产模式研究与生产的综合性企业，企业有固定员工36人，年运营经费1 000多万元。

吉洋种业位于长白山西麓，辉发河上游，吉林省东南部，坐标为北纬42°08′~43°02′，东经125°15′~126°03′，属丘陵平原地貌，土壤多为白浆型黑黏土，属中北温带大陆性季风气候区，年平均气温4.6℃。梅河口市的水稻种植史很短，大面积开发不足50年，每年有长达7个多月的休耕期，漫长严寒的冬季有利于净化生态环境，是优质粳稻品种选育生产的绝佳地域，曾被一些国际科研部门认定为优质粳稻产地。

吉洋种业注册商标11个，取得发明专利6项，年生产、销售自有知识产权的优质水稻种子3 000 t，现有厂房、晾晒场、机械设备等资产8 000多万元，公司下辖3家实体部门——吉林省吉阳农业科学研究院、梅河口市中航龙田粮食种植专业合作社和磐石田沃家庭农场，有试验田、有机田、绿色基地、种子繁育基地700 hm²，注册资金100万元。

吉林省吉阳农业科学研究院，由吉洋种业出资组建，下设水稻、玉米两个研究所，现有自主产权水稻品种30个，其中国家审定品种7个；承担省部级项目8个；被评为吉林省科技小巨人企业、吉林省农业产业化龙头企业、吉林省五星级农业休闲观光企业、吉林省现代农业化产业联合体；先后获得2个省级科技进步奖三等奖。

梅河口市中航龙田粮食种植专业合作社，以梅河口市湾龙镇兴安村、龙河村为主体，集优质水稻品种扩繁和绿色生态农业项目推广试验为一体，现有优质农田400 hm²。采用公司+农户的经营模式，主要从事优质水稻种子繁育、栽培技术试验、种子回收和稻谷生产服务。

二、生产单元环境状况

吉洋种业的榆林有机水稻生产基地占地 66.7 hm²，位于长白山余脉集安市西南部，年均有效积温约 3 000 ℃，无霜期约 160 天，年均降水量 1 100 mm，土壤 pH 值 6.5。一条清澈见底的小溪潺潺流过汇入鸭绿江，滋润着这片稻田，形成独有的气候优势，素有"吉林小江南"之称，各项环境指标符合国家有机标准。据考证，榆林基地有人类活动不足百年。20 世纪 70 年代末，开垦草甸种植水稻，直到 80 年代中期才形成规模，土壤的有机质含量较高，是生产有机稻米的首选之地。

有机水稻生产基地 2001 年由通化市农业科学研究院创立，2003—2005 年进入有机转换期，2005 年至今已持续 18 年通过有机认证。

三、生产、科研团队状况

吉洋种业建立初始就创建了"特用水稻与有机栽培创新团队"，团队由 6 名研究员、8 名副研究员、18 名中级技术人员组成，共 32 人，其中，博士 5 人，硕士 12 人，企业专职人员 22 人。此外，还有来自日本筑波药用植物研究所的博士导师关浩一所长，以及中国北方粳稻技术研究中心、中国水稻研究所、吉林农业大学、通化市农业科学研究院等单位的专家和学者提供指导。

团队负责人杨银阁，三级研究员，吉林农业大学硕士，吉林省人民政府第十届有突出贡献人才，吉林省作物协会理事，中国有机水稻标准化生产技术联盟副理事长，东北有机水稻栽培技术首席专家，吉林省优秀科技特派员。参加工作 52 年来一直从事水稻研究工作，作为第一育成人，先后选育出通粳 611、通粳 612 等 14 个水稻新品种，其中，通粳 611 获吉林省科技进步奖二等奖，通粳 793 获吉林省科技进步奖三等奖，通粳 788 获通化市科技进步奖二等奖。与赵国臣研究员共同主持了"吉林省绿优米配套技术及产业化"研究项目；作为生态农业"稻萍蟹"立体高效研究的第一主持人荣获吉林省科技进步奖二等奖。

四、有机稻米生产主要风险

吉洋种业有机稻米生产的最大的风险是杂草和稻瘟病。利用"稻萍蟹"可防除 80% 田间杂草,但由于地处山区,各种媒介传播草籽较多;水稻孕穗灌浆期正值高温高湿季节,稻瘟病有逐年加重的趋势,现在只能用生物技术前期防控,效果不佳,是有机水稻生产亟待解决的问题。

此外,目前有机水稻基地地力薄,经过认证的有机肥种类很少,而实际生产中,需要 45 000 kg/hm² 有机肥,有机肥需求量大,有较大缺口。

五、有机水稻生产主要技术特征

(一) 积极构建有机产业的内循环系统

有机水稻生产如果仅局限于生产有机稻米,而忽视了深层次的开发利用,不仅浪费资源,更不利于产业融合,影响可持续发展。几年来,吉洋种业逐步完善有机产业内循环体系建设,使之形成完整的有机链条,带动了多项事业的发展。

(1) 有针对性地确立育种目标。把优质、多抗作为选育有机水稻种子的首选条件,并从地理、气候、生态、土壤、水源等多方面筛选最佳的种子繁育基地,为有机水稻生产储备优质种源。实践证明,优良的栽培技术加优秀的品种,才能生产出优质、安全、健康的高端大米。

(2) 有机水稻、玉米收获加工后的副产品,也是优质资源。有机产业形成规模后,其产生的副产品可为其他领域提供优质原材料。为此,进行如下循环利用:①以有机水稻、有机玉米的空瘪粒、半仁、碎米、糠麸等为原料,酿造有机白酒,剩余酒糟饲喂生猪;猪的排泄物、腐殖土、青嫩蒿草,分层堆积沤制农家肥,翌年春天,将腐熟的农家肥施用在有机田里。②有机田实施"稻萍蟹""稻鱼""稻龙虾" 3 种模式,利用蟹、鱼、龙虾的采食,达到清除田间杂草的目的;其排泄物为水稻生长提供了营养,其生物学特征,又成为水稻生长过程中的生态指示器。这 3 种模式为不同生物间的和谐发展创造了优越环境。

(二) 突出自身优势,体现技术创新

(1) 吉洋种业自主培育水稻适种品种,用于有机水稻生产。近年选育了 18 个水稻品种,其中国审品种 7 个。优质品种吉洋 100、吉洋 1 品质和食味值均达到国家优质稻谷品种等级二级以上。

(2) 有机稻田应用的"稻萍蟹"农业生态技术模式,是吉洋种业董事长杨银阁研究员在 2005—2007 年主持的吉林省重大科技攻关专项,并

获 2007 年吉林省科技进步奖二等奖。

（3）以有机水稻生产稀播稀插控制技术提升有机稻田产量，通过水稻健康栽培以及人为技术干预，达到有机水稻抗病、抗虫的目标，这是杨银阁研究员、赵世龙研究员从事水稻栽培多年，并与有机生产对接的创新研究。

六、集成技术应用主要模式

（一）有机水稻品种的选择

（1）有机生产所选用的水稻品种须是非转基因种子。可选用上一年度在有机生产基地繁育的，经科技人员提纯复壮的优良水稻品种，符合有机水稻种子标准。

（2）选择当地能够安全成熟的品种，不能选择满生育期的品种，最好是在当地无霜期前 3~5 天成熟的品种。例如，当地无霜期为 145 天，要选择生育期 142 天以内的品种为宜。

（3）选择综合农艺性状好的品种。①优质：有机田所产的稻谷大多数是高档食材，口感好非常重要，食味值一定要在 85 分以上。②抗病：北方稻作区水稻稻瘟病是造成水稻减产的主要因素，而且有机生产中使用的生物农药对稻瘟病防效有限，因此品种自身的抗病性尤为重要。③抗倒伏：因人工费用高，并且劳动力有限，因此水稻收获多采用机收，机收的前提是水稻要直立，抗倒伏。

（4）品种的定位以食味值高于 85 分以上的优质水稻品种为宜。适宜吉林省种植的有机水稻品种有吉洋 100、五优稻 4 号、通系 933、榆优 19、吉洋 1，以及国外引进优质品种越光、秋田小町。吉洋种业有机水稻生产基地种植的主要品种是吉洋 100、越光、秋田小町。

（二）有机种子处理技术

（1）发芽率试验。取出 200 粒种子分装于两个器皿中，各 100 粒，用 25~30℃水浸泡 10 h 以上，再放入恒温箱，5 天后发芽率达 80%以上即可使用，7 天后发芽率达 90%以上即为合格的种子。

（2）晒种。稻种浸种前应选择晴天晒种 2~3 天。晒种能打破稻种越冬休眠，使种子含水量一致，提高种子发芽势、发芽率，促进苗齐、苗壮，还能杀死种子表面的细菌。

（3）选种。选种时盐水的比重应达到 1.13 kg/m³。一般用 25 kg 水，溶化 6 kg 盐。

（4）浸种及消毒。浸种时间要在 4 月 1—3 日，用 1%生石灰消毒，浸种时稻种和水的比例一般为 1∶1.2，水位高出稻种 10 cm 以上。每天的浸种水温相加应达到 100℃，例如，水温为 15℃时应浸泡 7 天，不到 15℃时应延长浸种时间。每天要把种子上下左右调动一次。7 天后，用清水浸洗。

（5）催芽。催芽的时间一般在 4 月 8—10 日，催芽的方法有催芽器催芽、火炕催芽、塑料大棚催芽、室内自然升温催芽等。如果种子干燥应用 30~32℃水浸洗 10~20 min。要用温度计监控稻种内部温度，最适催芽温度是 32~33℃，要经常上下里外翻动种子。防止浸种时间不足或催芽温度不均造成出芽慢、出芽不齐，以及浸种温度过高造成热伤害。

（三）播种育秧技术

（1）苗床要选择背风、向阳、地势高、土质肥沃、便于浇灌、没用过除草剂的地块。播种期一般为 4 月 10—15 日，日平均温度 5℃以上为宜。

（2）播种前每平方米苗地施用 5 kg 腐熟的猪粪，混拌均匀。

（3）把苗床面整细整平后一定要浇透水，旱育苗须浇透 5 cm 深床土表层，出苗前可以不用补水。

（4）稀播育壮秧。稀播育壮秧是水稻生产管理及水稻增产的关键技术。播种量控制：旱育苗播种量小于 150 g/m²；隔离层育苗播种量小于 300 g/m²；抛秧盘育苗每孔 2~3 粒；机插盘育苗，在不丢穴的前提下，每盘播种量 90~100 g，小粒品种可以播 90 g。床面上摆盘时必须摆得严实，盘底与床面不能有空隙。培育壮秧的关键是播种量要少。

（5）及时通风，防止秧苗徒长。通风炼苗一般在出苗到 3 叶期棚内温度控制在 25℃左右；3 叶期以后控制在 20~30℃；插秧前一周要大通风或揭膜炼苗。控制徒长的目的是使秧苗根系发达、秧壮带蘖、控制苗高，插秧后缓苗快、低节位分蘖多、早生快发。

（6）水分管理。浇水时一次浇透，浇水间隔时间适当长些。浇水时间最好是上午 9 时，有利于棚内降温，浇水后正常通风。盘育苗、抛秧盘育苗、隔离层育苗等容易缺水，浇水次数要多于旱育苗，尤其是 3 叶期以后到插秧前，注意防止秧苗干死。

（四）插秧前有机稻田的基础技术应用

（1）清地。翻地前将上一年机收后的落地稻草收拾干净，特别田埂边遗漏的稻草一定要清理干净，避免滋生病虫害。

（2）施农家肥。翻地前将农家肥用铁锹均匀撒在稻田，不要留粪堆底。农家肥一次容易撒不匀，最好分两次撒在地块，每次50%。

（3）翻地。有条件的地方最好用五铧犁秋翻，深度为30 cm为宜，有助于在寒冬把病虫草害冻死。春翻的深度应在20~25 cm，不能太浅，使有机田有一个理想的耕层。如果条件有限，也可每3年深翻一次。

（4）耙地。耙地注意两个问题：一是机械耙后，田块的死角须人工搂平；二是不要急于插秧，留3~4天的沉淀过程，尤其是机械耙地和插秧的田块，否则由于插秧过深，造成分蘖不足，或造成水稻高节位分蘖，既影响产量又容易倒伏。

（五）移栽技术

（1）在5月19日终霜期以后，日平均气温12℃以上，开始插秧。

（2）在稀播育壮秧的前提下，插秧密度30 cm×30 cm利于田间除草。每穴插秧不超过2~3棵，否则达不到增产的目的。

（3）插秧深度2 cm左右即可。插秧深度适宜有利于水稻分蘖，插得过深一般低节位不分蘖，高节位开始分蘖，造成总分蘖数少、分蘖晚，成熟期延长，影响产量。

（4）人工抛秧最好在3~5 m宽的抛秧区间，留出30~40 cm的作业道，在抛秧区内抛秧后把作业道内的秧苗拣出来，重新放到抛秧区内，尽可能达到抛秧密度一致。机械抛秧最好也留出作业道，并进行人工补苗，达到抛秧密度均匀一致。抛秧密度为15~17穴/m^2为宜。

（六）科学精准施肥技术

（1）稻草直接还田。在6月15日水稻返青后，将稻草捆扎成直径5~7 cm的小捆，拦腰铡断，然后在田垄中间插入，既可肥田，还可防治田间杂草，一是可以直接盖住垄沟中杂草，二是稻草发酵过程中产生的气体对杂草有抑制作用。

（2）沤制堆肥。将有机田的稻草用铡草机切成10 cm长，每50 kg稻草加入稻糠10 kg、猪粪10 kg，兑水7.5 kg，搅拌均匀，每一层可以适当覆一层薄草炭土或山皮土，然后盖上6~7 cm厚的稀泥或细土，最好上面盖上塑料薄膜，一个夏季即可完成发酵。发酵完成后重新倒一遍，翌年每亩使用 3 m³。

（3）熟腐农家肥施用。翻地前每亩用腐熟的猪粪 3 000 kg 左右，均匀撒入有机稻田，基本上能够满足水稻整个生育期的营养需要。

（七）有机稻田草害防治技术应用

（1）人工除草。①在有机田的上水口或是灌溉渠道设置防草网，防止上游杂草种子进入稻田。②早耙地，诱发田间杂草，待杂草发芽后，再重新耙地将杂草消灭。③水稻移栽缓苗后深灌水，不晒田，全部生育期加深水层，以水控草。④秋后深翻 30 cm 以上，一是利用东北严寒漫长的冬季将草籽、草根冻死，二是将地表的杂草压在耕层下面。

（2）机械结合人工除草。①第一次人工除草：在水稻缓苗后 6 月 10 日左右稻田中主要是禾本科杂草、苗田带入的杂草和个别田埂边的旱田杂草，须人工除草，每亩用 0.5 个工。②第二次机械除草：6 月 15 日，用 MAY-Ⅲ型除草机（耕幅 30 cm），每次 1 行，先顺垄除草，然后横垄除草。③第三次机械除草：在第二次除草 5 天后，再用同样的方法进行第三次机械除草。④第四次人工除草：根据田间杂草情况，大约在 6 月 25 日，对田间尚存活的杂草，尤其是阔叶杂草，人工用钉耙耙锄。⑤第五次人工除草：秋天稻谷收获前，人工将田间出穗的稗草用剪刀或是镰刀全部割除，以防草籽落地，造成来年的草害。

（3）"稻萍蟹"生态技术模式除草。通过人工调控的方法，改变传统稻田的结构和功能，其核心是将单纯以水稻为主体的稻田生物群体改变为稻、萍、蟹三者共存的生物圈。在水稻田里建立以水稻为主体的 3 个层次立体结构。第一层是水面上层生长的水稻；第二层是浮在水面上的细绿萍；第三层是水面下生长的河蟹。水稻通过光合作用，生产出绿色的碳水化合物，同时为喜阴的细绿萍遮光、降暑，为河蟹遮光，稻根为河蟹提供良好的栖息场所。细绿萍在系统中，一是利用太阳能进行光合作用，生产大量萍体，二是与蓝藻共生能够起到固氮和富钾作用，三是通过覆盖水面降低水面下的温度，四是萍体能改良土壤为水稻提供营养物质。河蟹在生态系统中的作用，一是提高土地利用率增加产出，二是利用河蟹除草，三是河蟹产生的粪便可以肥田，四是河蟹可作为生态农业的生物指示剂。"稻萍蟹"生态农业模式如图 1 所示。

"稻萍蟹"具体操作模式如下：①稻萍蟹田池埂一般在 60 cm 以上，

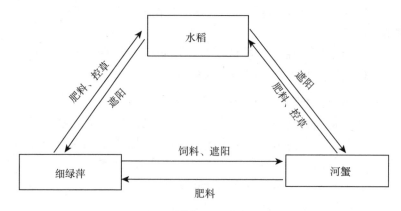

图 1　"稻萍蟹"生态农业模式

比一般池埂宽 20 cm，以防止河蟹挖洞逃逸。②插秧前挖蟹沟。边沟离池埂 50 cm，上宽 80 cm，下宽 50 cm，深 30 cm，如果池子大，每隔 20 m 宽挖一条蟹沟，便于河蟹避暑，并且在缺水时河蟹有活动和栖息的空间。③每隔 10 m 宽设一个投料台，以便喂蟹。④在池埂四周用厚塑料薄膜围 50 cm 高的防蟹墙。⑤6 月 2—5 日每亩放 3 kg 杂交榕萍（细绿萍的一种），6 月 20—25 日萍体基本覆盖水面。为促进萍体的生长，从 6 月 25 日起每 10 天分一次萍。⑥6 月 10—15 日每亩放 300~500 只辽河扣蟹，平均每千克蟹种为 120~160 只，在放蟹前每亩用 15~20 kg 的生石灰消毒，以后每 5~7 天换一次水，每 15 天泼洒一次 20 mmol/L 浓度的生石灰调节水质。在放蟹的初期为防止河蟹吃水稻小蘖，按蟹总含量的 5%~10% 投饲料，一般以豆饼、小杂鱼、配合饲料等为主。9 月 20 日开始排水捕蟹。

（八）有机稻田虫害防治技术应用

（1）负泥虫（前期虫害）：水稻前期虫害，发生期连续 3 天在早晨人工用扫帚将虫扫入田间，然后串灌水，能基本消灭虫害。

（2）水稻二化螟虫害（中期虫害）：在虫害前，每亩用 5~10 块色板，诱杀成虫，其效果达到 90% 以上。

（3）黏虫（后期虫害）：黏虫是旱作物的虫害，水稻不经常发生，偶尔发生时用布袋人工捕杀，或是用吹风机将其吹落到水面上，有 2~3 天基本就能控制其对水稻的为害，剩余部分害虫对产量影响不大。

（九）有机稻田病害防控技术应用

北方稻区水稻的主要病害是稻瘟病，稻瘟病分为苗瘟、叶瘟和穗瘟。由于有机水稻采用超稀植栽培农艺技术，一般叶瘟、苗瘟可忽略，基本对水稻产量和品质影响不大，可以不防。对水稻穗瘟可选用适用的生物制剂与石硫合剂喷施，具有一定的效果。

（十）有机稻田轮作技术应用

东北稻区每年一季稻，一般有 7 个月以上的休耕期，而且灌溉用水几乎无污染。以松花江为例，其发源地为长白山天池，冻封期为 9 个月，而且流经之处均是原始森林、悬崖峭壁，很少有农田，其周边适合种植有机稻。

为了防止有机田稻瘟病流行和大发生，采取地域品种轮作，将有机田分为 4 块，地块间实行 4 个品种轮作，4 年为一个轮回期，由于吉洋种业在水稻品种研究上有独特优势，几乎不到 4 年就有一个新品种问世，新品种轮作的问题就迎刃而解。

七、集成技术应用成效

（一）经济效益可观

据统计，吉洋种业有机水稻生产得益于生产技术创新和集成应用，亩产达 400 kg 以上，有机水稻收购价为 7 元/kg 左右，每亩可增加经济效益 500~600 元左右，实实在在帮助稻农增收。

（二）形成有机水稻全产业链

逐步形成有机水稻全产业链：有机水稻新品种选育→有机水稻种子→有机大米→种子和大米的副产品→有机醋、有机米酒→酒糟→养猪→猪粪→有机稻田→稻田龙虾→休闲农业（体验、品尝、住宿、购买有机产品等）。

八、集成技术应用成果延伸

一是开展航天新品种驯化、选育、栽培技术研究，包括水稻等农作物、桔梗等中草药、瓜果蔬菜等。

二是研发出高品质吉洋航天大米，经国家权威部门检测，其食味值

86 分，是目前北方粳稻可推广品种的佼佼者。

三是创建梅河口吉洋休闲观光有限责任公司，与锦绣东方农业有限公司、吉林省吉阳农业科学研究院、兆冰航天科技（梅河口）有限责任公司联合，以梅河口市湾龙镇湾龙沟朝鲜族民俗村为基础，年接待游客 1 万人以上，年收入 200 万元以上，利润 100 万元以上，2021 年被评为吉林省休闲农业五星级企业。

四是建成现代农业产业园，以湾龙镇湾龙沟吉洋民俗村为基础，依托 27 个民俗园建成了 27 个航天育种植物园，集研学、休闲旅游观光为一体。

（编写人：杨凯　杨超　杨银阁）

盘锦鼎翔米业有限公司（辽宁模式）——推广
稻田河蟹种养 实现生态有机种植

一、企业概况

盘锦鼎翔米业有限公司（以下简称鼎翔米业）隶属于辽宁盘锦鼎翔农工建（集团）有限公司（以下简称鼎翔集团），为国有企业。该公司成立于2003年，是全国首批认证的有机水稻生产基地之一，也是2008年北京奥运会官方唯一指定的稻米供应商，获得"农业产业化国家重点龙头企业""大米加工企业50强""全国放心粮油示范工程示范加工企业""中国好粮油"示范企业等荣誉称号。该公司还是"全国中小学爱粮节粮教育示范基地""科技合作示范基地""盘锦农学科教合作人才培训基地"。

该公司生产的"粳冠"牌系列大米，获得"国家免检产品""中国名牌农产品""中国粮食行业协会放心米""辽宁省名牌产品""首届中国农业博览会名优产品金奖""农产品加工贸易博览会金奖""中国国际粮油产品及设备技术展示交易会金奖""国际粮油食品和设备技术博览会特色大米品牌""第十三届中国国际有机食品博览会金奖""全国有机大米区域中高端品牌荣誉大米""第十七届全国稻米产业大会优质品牌大米""首届全国中高端品牌粮农产品展洽会高食味值大米"等荣誉。

鼎翔米业利用自身生态、基地、技术等优势建立了配套的种植、加工、市场营销、监督管理等支持体系，在经济效益及生态效益上取得一定成果。

鼎翔米业自2001年以来一直从事有机水稻的种植与加工，现有有机水稻种植基地455 hm²，实行"公司+基地"的生产经营方式，按照有机食品生产要求进行操作。拥有3条国际先进的日本佐竹稻米加工生产线，全过程封闭式纯物理机械洁净加工，不使用任何添加剂，日加工能力可达500 t。采用低温烘干、低温储藏的方式储存水稻，拥有85 750 t容量的现代化低温库。同时，采用独创的"猫兵护粮"生物防鼠，杜绝了使用鼠药对粮食生产的潜在危害，确保绿色储粮。

鼎翔米业致力于"人与自然和谐共生"的理念，集有机农业种植、仓储、生产加工为一体，在盘锦市率先发展有机农业，并被确立为"国家级有机食品生产基地"。该公司上级管理部门盘锦鼎翔集团建设了鼎翔生态园，打造了大型生态区——鼎翔生态旅游度假区，包括"太平河风光带""鸟乐园""苇海蟹滩"等景区，现已成为盘锦市和辽宁省具有较大影响力的生态旅游区，也是国家级生态建设示范城市盘锦的第一家"生态建设模范企业"。

鼎翔米业水稻种植基地及其加工厂是国内认证较早、认证面积较大的有机稻米生产基地之一，先后通过 OFDC（国环有机食品认证中心）、OCIA（美国有机作物改良协会）、BCS（德国有机食品标准）、JAS（日本有机食品标准）、COFCC（中绿华夏有机食品认证中心）等机构的有机产品认证，此外，还通过了 ISO9001 质量管理体系认证、ISO22000 食品安全管理体系认证、ISO24001 环境管理体系认证、ISO45001 职业健康安全管理体系认证、森林生态标志产品认证。

鼎翔米业有效开发并利用盘锦得天独厚的自然环境，形成了独具特色的稻米生态产业文化。同时，该企业以生产销售高品质的健康大米为己任，坚持"以客户的需求为起点，以满足客户的需求为终点"的经营理念，通过诚信经营为顾客提供满意服务。

二、生产单元环境状况

鼎翔米业充分利用基地优势，大力发展有机生态农业。有机水稻种植基地处于辽河平原上，丰饶的辽河水灌溉。该地区属于暖温带大陆性半季风气候区，冬季少雨多风，四季分明，地势平坦，气候差异不大，水稻生长季节气温较高，雨热同季，日照充足，年平均气温为 8.4℃，年大于 5℃活动积温 3 736~3 778℃，大于 10℃活动积温 3 459.6~3 487℃，无霜期 175 天，年均降水量为 634.5 mm，年均日照时数为 2 786 h，满足中晚熟粳稻品种对光热条件的需求。

鼎翔米业坚持引进、示范、推广优质多抗水稻新品种、品系，目前主要种植锦稻香 109、盐粳 939、一目惚、彦粳软玉等优质中晚熟粳稻品种。该公司另有 2 000 hm² 绿色稻蟹种养基地，每年选择种植产量适中、品质优良、适销对路的优质水稻品种，年产水稻近 20 000 t，注册"粳冠""鼎翔""粳粳乐稻""玉粳香"等品牌。同时，大力开展订单基地建设，

2000 年至今，通过设立订单收购价格高于市场平均价格的定价机制，目前已发展订单水稻基地近 9 000 hm²，带动 10 000 余农户种植优质水稻。

三、生产、科研团队状况

鼎翔米业现有农业生产技术人员 50 余人，其中具有高级职称 8 人，利用自身的人才技术优势，实施有机水稻生产的方案制定、田间管理和技术指导，每年投入专项资金，进行各项农业技术研究，为发展有机农业提供了有力的技术支持和保障。研发的"无纺布地膜复合被育苗技术"获盘锦市科技进步奖一等奖，技术先后推广到辽宁、河北、内蒙古、新疆等水稻种植地区。

鼎翔米业公司重视水稻新品种、生产新技术的引进推广，强化与国家粮食和物资储备局科学研究院、辽宁省农业科学院、沈阳农业大学、辽宁省盐碱地利用研究所等专业科研院校的合作，在盘锦市率先开启种植香型水稻品种和低直链淀粉含量水稻品种。

四、有机稻米生产优势与主要风险

鼎翔有机生产稻区地质呈偏碱性，氮、磷、钾含量丰富，有机质平均含量为 2.0%，有效钾含量 200 mg/kg 以上。土壤盐分含量较高，且以氯化物为主，土壤中富含的氯离子，在水稻生产期间易形成酸类物质，联结单糖分子间的 α-苷键遇酸类易分解成单糖和醇，在淀粉形成的过程中产生低级多元醇（特别是丙三醇），在淀粉糊化过程中它首先溶解于水中，与后形成的胶淀粉易形成一种油状的薄膜，在蒸煮过程中从外观上看似有一层油状物，因此在这种氯化物盐渍土上生长的稻谷加工成的大米，有光泽、有香气、黏性适宜、易蒸煮、口感柔软、不回生，深受广大消费者青睐。鼎翔米业有机生产稻区土地集中连片，便于集中管理和统一实施生产技术方案，确保了单一品种的纯度，非常有利于产业化生产，被列为盘锦大米原产地域稻区。

近年来，鼎翔米业不断加大对生态农业的投资力度，在种植过程中对水稻病虫草害全程采用物理和生态防控，保证大米的优良品质。随着稻米品质的提高，市场不断扩大，品牌知名度迅速提升，目前已逐渐形成了生态农业规模化、产业化的经营管理模式。

有机水稻生产与常规种植的最大区别在于它严禁使用人工合成的化学肥料和农药，在生产过程中不能为追求较高产量而私自使用化肥和农药。另外，仅靠自行发酵的有机肥料很难满足水稻生长需要，必须外购合格的有机肥料予以补充。鼎翔有机稻区与周边的农田之间虽有林带、斗渠、公路等分割，但在无人机作业、台风频发等不利因素影响下，极易发生农药残留飘移意外污染风险，需要注意防范。盘锦属于石油化工城市，市内化工企业众多，其排放的废水易污染稻田灌溉水，必须严格监测。

五、有机水稻生产主要技术特征

（一）加强有机食品基地建设

鼎翔米业完成了 2 000 hm^2 稻田病虫害专业化有机绿色防治项目，基地安装太阳能杀虫灯 600 盏。该灯采用网络和光控开闭模式，在天黑以后鳞翅目害虫活动频繁时开启，工作 6 h 自动关闭，能有效延长电池使用寿命。该灯诱杀害虫效果明显，尤其对水稻一代、二代二化螟具有较高的捕杀效果，成虫羽化高峰时，每个接虫桶每天可诱杀二化螟成虫几十只。安置二化螟诱捕器 3 万只，其诱芯释放二化螟雄性激素有效期至少 3 个月以上，而且诱芯采用独创的微孔释放技术，多者每个诱捕器能诱集 30 余只，对二化螟起到了较好的诱杀效果。

该项目对周边区域水稻病虫害绿色防控也起到了一定的示范、展示、推动作用，为今后持续使用理化诱控及生物防治技术奠定了技术基础。

种植基地全部实施统一管理。把水稻的种植、收购、加工及销售都纳入了鼎翔米业的统一管理之中。鼎翔米业统一制定有机水稻种植操作规程，并严格按照种植操作规程实施田间管理，由基地经验丰富的农业科技人员负责田间指导，并与沈阳农业大学等单位广泛合作，在基地繁育抗病、抗倒伏的优质粳稻品种。实行秸秆还田，有效增加土壤有机质。实行"单品种植、单品收割和储存、单品种加工、单品种销售"，保证了稻米品质。

严格遵循科技导航、生态耕作、科学收割储藏、精良加工的模式。做好生产记录。做好基地管理、操作人员的技术培训。做好有机肥与农家肥的生产，以及太阳能黑光灯、酒醋盆等诱虫装置的放置工作。

（二）抓好储藏和加工环节

鼎翔米业采用科技含量高的平房仓（内设大功率空调、检温电线、计算机温度监测仪、大功率谷物冷却机等设备）、钢板工艺仓等先进的仓储设施，对原粮进行低温保存，从而保证产品的优质。有机稻谷采用冬季冷粮入库，利用压入式机械通风系统打入冷风，降低粮堆温度，封闭保管。同时，在粮面上方安装大功率空调保持粮面温度，还配备大功率谷物冷却机应对个别高温点。以上方法通风降温效果明显，能增加储粮的安全性。储粮仓房全部采用 pn-4h 型粮情检测系统，系统由计算机、测控主机、分机、分线器、测温电缆、仓内外传感器、温度传感器组成，测温范围-40~60℃，测温误差不超过±1℃。整套系统具有抗熏蒸腐蚀、抗电击磁场、抗雷击功能。系统运行稳定，检测粮温快速、准确、可靠，兼容性好，保证原粮安全贮藏不改变品质，从而保证产品的优质。

采用先进的加工设备和工艺。2007 年，鼎翔米业建成投产了 3 条国际领先的日本佐竹稻米加工生产线，年加工能力可达 15 万 t，全程采用电脑监控，自动化封闭式生产，并采用国内先进的稻米烘干设备，加工出来的绿色和有机大米晶莹剔透，确保安全、健康、环保、无污染。

鼎翔米业重视库内鼠害治理，一直采用生态灭鼠的方法防治鼠害，专门筹资驯养家猫灭鼠，避免使用鼠药对产品造成潜在危害，取得有效的防鼠效果。许多粮食企业纷纷到鼎翔米业参观学习，中央电视台《走进科学》《科技博览》栏目以及众多地方媒体（如《王刚讲故事》《羊城晚报》等）争相报道，得到了社会的广泛认可。

（三）大力开展粳冠幸福农场工作

鼎翔米业利用自身生态、基地、技术等优势，以及与之相配套的种植技术、加工技术、市场营销、监督管理等体系，大力推进粳冠幸福农场生态稻田认领工作，大力打造"粳冠幸福农场生态稻田"的企业品牌建设，倡导"亲自参与、见证过程"的理念。该公司于 2012 年依托自有的有机水稻种植基地，精心选择了近千亩交通便利、自然环境相对较好、便于认领者操作的地块，面向社会提供"粳冠幸福农场生态稻田"认领服务，通过客户认领专属地块，参与相关农事操作，在稻田内放养河蟹进行生态监测，亲身体验并见证粳冠幸福农场水稻生态种植的全过程，真正实现社会对粳冠幸福农场产品质量控制的全过程参与。

让消费者参与并见证种植过程，并将种植的全过程通过网络视频或图文向消费者展示，通过网络让更多人了解已经认领稻田客户的评价，让他们了解稻田养蟹，这种敢于向消费者交底的态度使消费者对有机产品有了更直接、更深入的了解，产生了良好的口碑效应，能有效提升品牌美誉度。

六、集成技术应用主要模式

鼎翔米业从水稻的种植环节开始全程关注原粮的"安全、优质"属性，并将确保产品"安全、优质"理念贯穿到仓储、加工、销售等各环节。

（一）推广稻蟹种养模式

鼎翔米业充分利用自有的 2 666 hm^2 水稻种植基地放养河蟹，形成一个稻蟹共生的生物体系。每年春季平地后每亩稻田放养规格为 80~90 个/500 g 的扣蟹约 4 kg，养殖成蟹；或在插秧后 5 月末每亩撒施 150 g 左右大眼幼体，养殖扣蟹。河蟹与水稻形成立体生态种养，形成天然食物链的良性循环。河蟹摄食稻田中的杂草、绿萍、底栖生物；河蟹的排泄物也是水稻生长最好的有机肥料。通过河蟹爬动扰动稻田土壤，增加孔隙度和氧气进入，促进水稻根的生长并提高有机肥料利用率，有效防止植株早衰。河蟹能捕食害虫，减少害虫产卵，降低虫口基数，减少虫害发生，提高水稻产量。

（二）采用绿色防控措施

鼎翔米业不断加大投入，采用病虫害绿色防控技术，极大地减少了农药的使用量。该公司累计投入 300 余万元，在自有基地上架设了 600 余盏太阳能黑光灯和大量飞蛾诱捕器，为保障稻米的食品安全又增加了一个"保护层"。有机稻区内杜绝使用化肥、农药、激素等人工合成物质，施用天然有机肥。

（三）应用先进农业技术

鼎翔米业在自有种养基地内统一实施稻草还田、测土配方施肥技术，施用有机硅肥，减少化肥施用量，使土壤肥力和有机质含量不断提高。每年秋季收割时稻草全部粉碎，入冬前深翻还田。利用鼎翔集团生态养殖场畜禽产生的粪便和鼎翔米业加工大米产生的稻壳等混合堆积，自制部分肥料，同时，将鼎翔米业生物质烘干炉燃烧剩余的稻壳灰积攒留存，春季旋耕前撒施，适当增施外购的有机生物肥，借此保证有机水稻生长所需的养分。鼎翔米业投入 100 余万元，建立了覆盖 333 hm² 稻田基地的可视化监控系统、农田环境监测系统、虫害预警系统，使得消费者全年可以全方位、全天候观察 333 hm² 稻田基地的所有农事作业过程，消费者在家中就可以看到稻田里的小鱼、螃蟹、白鹭，还可以实时了解土壤 pH 值、土壤温度、虫害状况，相当于建立了一个透明"农场"，大大提升了消费者对鼎翔大米产品的信赖。

七、集成技术应用成效

鼎翔米业经过潜心经营，依托先进的种植管理模式、良好的基地环境、传统的储藏方式和先进的加工工艺，抢抓机遇，加快发展，已成为辽宁省大米加工行业的龙头企业，"粳冠"牌有机大米以其上乘的质量畅销北京、河北、沈阳、大连、山东、内蒙古等国内市场，在大润发、家乐福、沃尔玛、新玛特、华联等大型卖场中受到消费者的青睐。

鼎翔米业通过严格管理，提高服务质量，持续提升企业的总体绩效和市场竞争力，逐步打造"粳冠"品牌。通过大力开展网络与媒体活动、参加重点展销会，宣传品牌，提升品牌影响力。近年来，该公司的主要经营指标每年都以 30% 以上的速度实现递增。该公司成为 2008 年北京奥运会北京和沈阳赛区官方指定稻米供应商，获评 2022 年第十一批全国放心粮油示范企业，被农业农村部评定为 2022 年国家级生态农场，被商务部评定为 2022 年全国供应链创新与应用示范企业。粳冠玉粳香盘锦大米荣登"熊猫指南中国优质农产品榜单 2022 年度榜单"；在 2022 年首届"国稻有机米联杯"全国有机稻米优佳好食味品鉴评选争霸赛中，粳冠彦粳软玉 1 号荣获金奖。

以上成绩都得益于国家级有机食品基地的建设和发展、优质稻谷基地的规范种植、加工环节的严格管理等，尤其是国家有机食品生产基地的确立更是为鼎翔米业高端产品的市场开拓和发展奠定了坚实基础。随着企业的不断发展壮大，鼎翔米业以市场为导向，以体制创新为保证，以农业产业化为主导，逐步建成基础完备、设施配套、运行机制协调的现代化农业示范基地，社会效益、经济效益和生态效益显著，为有机产业的发展不懈努力。

（编写人：赵春林　宋虎彪　郝彦琦）

江苏省建湖县福泉有机稻米专业合作社（苏北模式）
——创新技术应用新机制　推进生产标准化落地

一、企业概况

三虹有机稻米基地面积 28.75 hm²，地处苏北平原腹地，中心坐标为北纬 119°44′01″、东经 33°23′03″，属亚热带北缘，位于江苏省里下河地区的全国百强县——建湖县境内。基地上游 5 km 为国家湿地公园、4A 级旅游景区——九龙口。这里气候温和，四季分明，光照充足，雨水充沛，水质优良，常年降水量为 1 011.7 mm，历年日平均气温 14.2℃，平均相对湿度 78%，年均日照时数为 2 219.1 h，无霜期 213.6 天。土壤为黏土—浅位缠泥土，pH 值 7.2，土壤有机质含量为 27 g/kg，全氮含量为 1.74 g/kg，有效磷含量为 17.5 mg/kg，速效钾含量为 148 mg/kg，气候和土壤条件非常适合水稻生产。建湖县素有"鱼米之乡"之称。

三虹有机稻米基地建设单位——建湖县福泉有机稻米专业合作社，现有成员 21 人，注册资金 10.5 万元，项目区投资了 550 万元建设标准化农田、硬质路面和排灌站等基础设施，配备了各种农业机械、加工包装和低温冷藏设备，固定资产达 300 万元。2010 年以来，合作社先后被评为"盐城市五好农民合作社""江苏省五好农民合作社""江苏省科技型农民合作社"以及第一批"国家级农民合作社示范社"，还被选为江苏省绿色食品协会副会长单位、盐城市特产商会副会长单位、建湖县粮食行业协会副会长单位。

三虹有机稻米基地创建于 2008 年，规划建设面积 133.33 hm²，其中 28.75 hm² 于 2010 年通过中绿华夏有机食品认证中心认证，年产"三虹"有机稻谷 220 t。该基地 2011 年被国家标准化委员会认定为"国家有机稻米标准化示范区"，被江苏省农业委员会和科技厅认定为江苏省农业科技成果转化基地；2016 年被认定为 NY/T 2410—2013《有机水稻生产质量控制技术规范》推广应用与验证示范基地、南京农业大学教学科研实验基地、盐城生物工程高等职业技术学校产学研基地。

该合作社于 2010 年注册了"三虹"商标，由于产品质量可靠、品质优良，"三虹"稻米品牌得到了市场的广泛认可，产品远销北京、上海、广东和长江三角洲地区。2011 年以来，"三虹"有机米荣获第十届中国优质稻米博览会金奖，在第十一届中国优质稻米博览会被评为优质产品，荣获第七届中国国际有机食品博览会金奖，荣获中国首届有机大米优佳好食味十大金奖争霸赛金奖；合作社被农业部稻米产品质量安全风险评估实验室评为有机水稻标准应用生产全程质量控制与集成技术应用综合优胜单位、生产全程可追溯体系电子化构建优胜单位；"三虹"商标还被评为江苏省著名商标、盐城市知名商标。

二、生产单元环境状况

质量是企业的生命，标准是质量的灵魂。三虹有机稻米基地狠抓四大创新机制。

（一）创新科技支撑机制

技术新则企业兴。根据企业发展需要，合作社与科研院所携手合作，共创绿色家园，先后与南京农业大学农学院、盐城生物工程高等职业学校、江苏省农业技术推广总站、盐城市作物栽培技术指导站、盐城市耕地质量保护站等签订了合作协议，明确了双方的责权利和科研任务。对专家采取 3 种聘请形式：长年聘请、阶段聘请、专项聘请。聘请专家的方法是 3 个结合：①结合挂县强农驻点指导。盐城生物工程高等职业技术学校于 2010 年开始把挂县强农驻点设在三虹有机稻米基地，8 年来开展 20 多场次培训活动，培训农民超过 1 000 人次；学校副校长童朝亮亲自带领专家帮助合作社制定发展规划与技术规程；学校产业化处处长王中军亲自指导实施农业项目，并及时撰写技术总结，发表论文 5 篇，其中，《有机稻病虫草害综合集成防治技术研究》获得盐城市科技进步奖三等奖和盐城市优秀论文奖。②结合农业项目实施指导。南京农业大学农学院王强盛教授指导合作社拟定小龙虾+河蟹+有机米的一茬三熟模式，并全程指导实际生产；盐城市耕地质量保护站站长、全国人大代表秦光蔚驻点指导盐城市耕地质量提升示范区建设；盐城生物工程高等职业技术学校副校长童朝亮研究员指导合作社制定了有机稻+野鸭+草鸡一茬三熟技术规程。③结合企业发展规划指导。合作社聘请江苏省农业科学院周鹰研究员、江苏省农业技术推广总站站长杨洪建研究员、江苏省海洋渔业局水产站站长唐建清研究员等专家对有机稻米基地三产融合发展进行了8年规划。

（二）创新风险化解机制

1. 制定风险控制制度

为应对有机稻米生产、仓储、加工、包装、销售等环节的风险，合作社成立了风险控制领导小组，由单位主要负责人挂帅，成员由生产技术科、质量检验科等科室人员组成。同时，将质量管理手册分发到合作社的每个成员手中，将相关质量控制制度张贴上墙。

2. 完善风险应急预案

对于可能发生的风险，特别是突发性风险，合作社完善了应急预案，风险发生之时能够有效应对。

3. 明确风险化解重点

①水源污染风险：针对防治病虫害过程中农药容易导致河水污染的情况，采取了二级灌溉制度。基地内部河流长度约1 000 m，可以储存约30 000 m³灌溉水，河道种植了芦苇、蒲草以净化水质。即使外部河流水源受到污染或发生干旱，基地内部河流的蓄水仍可以满足稻田15天左右的灌溉用水。②病虫突发风险：隔离区四周有河道、公路等天然隔离屏障和独立的排灌系统，与非有机区域完全隔离。缓冲区进行了绿色食品生产基地认证，引导农民执行绿色食品生产标准，并免费为农民安装了杀虫灯，减少农药的使用。同时，清洁田园，用割草机定期清除田埂杂草，恶化害虫栖息繁殖寄生条件。在预期病害发生比较严重的特殊年份，特别是对于迁飞性害虫稻纵卷叶螟、褐飞虱等，根据预报资料未雨绸缪，备好生物农药苦参碱、印楝素、Bt、低聚糖素等，绝不掉以轻心，万不得已时要看准时机，准确用药，减少损失。③气候灾害风险：4月是苏北地区有机稻秧苗培育的气候风险期，不期而至的低温会诱发秧苗稻瘟等病害的发生，出现烂秧现象。针对这一情况，合作社建设了4亩自动喷灌钢架大棚用于育秧，满足秧苗生长的温湿度条件，有效地化解了"倒春寒"的不利影响。

（三）创新复合经济机制

合作社十分注重技术集成和技术创新，在引进的技术中注入适合本基地生产实际、能够显著提高经济效益的技术创新元素，在学习其他企业稻田养鸭和稻田养蟹技术的同时，成功创新了有机稻田一茬三熟增收模式，使有机稻田实现每亩产值达 1 万元，同时，制定了《有机稻田一茬三熟技术规程》。有机稻田一茬三熟模式具体为：①小龙虾+有机稻+螃蟹模式。在有机稻收割以后，稻田立即上水，人工栽植水草，放养小龙虾，5 月底 6 月初小龙虾收获，每亩产量 200 kg 左右；6 月初有机稻秧苗栽插，从暂养塘中捕捞扣蟹，每亩稻田放养规格为 150 只/kg 左右的扣蟹苗 300 只，10 月中旬前后收获螃蟹，每亩螃蟹产量 25 kg 左右，11 月初收获有机稻。该模式每亩产值 1 万元，其中，小龙虾 4 000 元，螃蟹 1 000 元，有机米 5 000 元。②有机稻+野鸭+草鸡模式。9 月上旬按照每亩稻田 10 只草鸡（母）的数量购买雏鸡，在有机农场以外的育雏室育雏，育雏 50 天后，雏鸡抗病能力增强，有机稻也到了收割期。稻子收割后，将雏鸡移入有机稻田自由觅食。稻田中的落谷、草籽以及越冬虫害的成虫和蛹都是草鸡的美味佳肴，可以减少来年自生稻、杂草和虫害的发生，节省了草鸡养殖成本，化害为利。鸡粪也为农田增加了养分，提高了经济效益。6 月初，草鸡产蛋期结束，可卖掉老鸡，同时，大田开始机械化插秧，与大田插秧同步，按照每亩稻田 15 只野鸭育雏，育雏 1 周后直接投放到稻田，让它们自由觅食，吃虫除草。由于野鸭具有杂食性、抗病性和活动性强等特性，是管理有机稻田不可多得的好帮手，同时，由于野鸭体型较小，在机械化插秧的 30 cm 行距间活动游刃有余，不会损伤秧苗。80 天后第一批野鸭长成，时值中秋与国庆前后，可以上市销售。水稻抽穗前后，为了有效控制水稻中下部的害虫基数，可以每亩稻田投放 5 只野鸭，放养 30 天左右后移出稻田另养，有机稻田进入湿润灌溉期直至收割。该模式每亩产值 7 500 元，其中，草鸡（含产蛋）1 500 元，野鸭 1 000 元，有机米 5 000 元。

（四）创新技术应用管理机制

合作社现有社员 21 名，分别以资金、机械、土地入股，创办新式集体农场，联合集中统一生产有机稻米，发挥示范带动作用，逐步辐射，扩大基地，带领农民共同致富。有机稻米的生产实行统一规划、统一品种、统一投入、统一管理、统一品牌销售，统一分配利润。合作社运营采取土地入股制、劳动工资制、资源共享制、利润分红制。由于规范化管理，保证了有机稻米生产过程中严格执行各项标准，农业生产投入品安全规范，产品质量可靠，有利于品牌创建和市场拓展，把有机事业做大做强。

　　合作社由理事长总负责，各部门分工负责、协调运作，其组织管理机构见图1。合作社理事长唐福泉从事农业技术推广工作30多年，对于水稻种植、水产养殖、畜禽养殖等专业技术比较熟悉，能够驾轻就熟、得心应手地领导生产，在有机基地建设与合作社管理方面付出了艰辛的劳动。唐福泉理事长先后发表3篇论文，申请1项专利，制定企业标准3个；2017年以来，他被评为江苏省乡村"十佳科技致富带头人"、江苏省首批乡土人才"三带"名人，荣获江苏省政府颁发的江苏省农业技术推广奖一等奖（"水稻高产高效生产技术组装集成与推广应用"）及三等奖（"品牌稻米规模种植关键生产技术集成与推广"）。

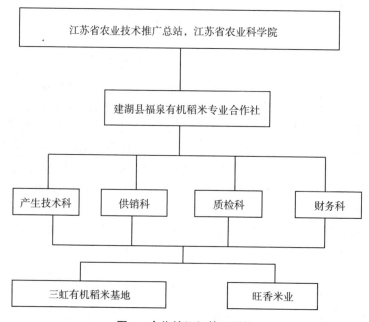

图1　合作社组织管理机构

三、严格把好技术应用六道关

（一）把好产地环境关

三虹有机稻米基地邻近九龙口自然风景区，空气清新，灌溉水清澈，绿树成荫，飞鸟成群，土壤肥沃，远离工业企业。基地四周有单庄河、洪夏河、庙家河、粮棉河形成自然隔离带，并且在基地周边方圆 300 m 以内的非有机农田安装了杀虫灯，作为缓冲区，减少农业化学品的投入。优良的生态环境造就了安全优质的"三虹"牌有机米。

（二）把好栽培生产关

1. 稻米品种优质化

选择优质、非转基因、抗病虫的优良品种。先后引进了日本越光和南粳系列等 20 多个品种进行筛选，建立了有机稻繁育圃，进行有机繁育、提纯复壮。引种坚持 4 个原则：一看抗逆性高不高。有机稻栽培禁止使用任何化学农药，如果品种的抗逆性不高，则病虫害的风险较大。二看食味性好不好。有机稻米栽培是对好品种、好技术进行优化组合，确保产出好产品。三看本地化行不行。引种必须坚持近纬度、近海拔的原则。外来品种必须通过试验种植，看是否适合本地种植，食味有没有变化，然后再确定种植品种。四看是否转基因，有机生产不能采用转基因的品种。为了保证品种的优良特性，基地建立了良种繁育圃，对有机种植的品种进行提纯复壮。在此基础上每隔 3 年从原种培育单位引进原种，防止种子退化，影响产品食味。

2. 生产全程标准化

严格执行国家有机稻米生产标准（GB/T 19630—2019）和国家农业行业标准（NY/T 2410—2013），农田建设、机耕道路、排灌渠道按照标准化要求建设，对照标准定期检测土壤、灌溉水和空气。

3. 病虫草防治一体化

实施生物、物理、农业生态防治集成技术，每亩稻田养鸭 10～20 只吃虫除草。每公顷安装 1.5 盏杀虫灯诱杀害虫，农田除草采用诱草灭草、机械除草、人工拔草方法，绝对不使用任何化学投入品，实现生产无害化。

4. 健身栽培

采用机械化插秧，合理确定株行距（30 cm×15 cm），通过优化通风透光条件，调节田间小气候，确保植株健壮，提高群体素质，恶化稻田病虫草害发生的条件。

（三）把好农业生产资料投入关

三虹有机稻米基地的任何农业生产资料投入，都要求做到来源清楚、用途清楚、使用方法清楚、投入田块清楚。农业生产资料供应单位要有资质、有合同、有发票、有样品，产品质量可追溯。同时，建立了农事记录档案，农业生产资料投入可追溯。基地选用当地油坊生产的优质、无污染、非转基因菜籽饼作为肥料原料，添加 EM 菌发酵后施入稻田，每亩菜籽饼使用量为 300 kg（养分含量为 N 4.4%，P_2O_5 1.95%，K_2O 1.51%）。同时，作物秸秆全部还田，并适当补施商品有机肥。优质有机肥为水稻生长提供了均衡的养分，保证了产品品质。

（四）把好运输储存关

水稻成熟后及时收割并晒干，水分含量符合国家相关标准，防止发生霉变。进仓库时分品种保管，严防混杂。仓库配置了挡鼠板、粘鼠纸。仓库有品种登记，有标识，有出入库台账。夏秋季高温高湿，稻谷容易生虫霉变，而且因为呼吸作用其理化指标也会发生变化，大大影响稻米的食味。合作社投资了 80 万元新建了 4 栋低温冷库，收割的稻谷全部进入低温冷库，保持 0~5℃储存，同时，配备了抽湿机和通风设备，降低稻谷呼吸强度，减少营养消耗，稳定稻米的理化指标，保证稻谷保持优良品质。

（五）把好加工包装关

优质稻谷还须精心加工，确保大米品质上乘。合作社的加工流水线包括清理、砻谷、碾白、色选、抛光、真空包装等工艺，全自动化控制，加工成品具有米粒均匀、色泽晶莹、芳香四溢等特点。合作社分装生产线持有食品生产许可证，大米进入市场前用全自动真空包装机进行真空包装，包装材料符合有机食品的要求。"三虹"牌 3+1 饭粥组合真空包装有机米，依据营养食味学原理，确定日本越光作为稀饭品种（胶稠度 92 mm 左右），获得全国粳米优质食味奖的品种南粳 46 作为米饭品种（直链淀粉含量 10.2% 左右），并将其饭、粥品种组合包装，方便消费者的食用，其包装获得了国家专利。

（六）把好质量监管关

要确保有机米的质量，企业必须严格监管质量。"三虹"牌有机米的生产坚持"一室、三制度"建设，始终不渝地抓好全面质量管理。一室，即检验检测室。配备必需的检验检测设备，对产品、投入品严格把关。三制度，即认证制度、检验员制度、客户投诉制度。认证制度：有机米基地每年都向有机认证部门提供合格的产品样品，以及产地土壤、灌溉水、空气样品进行检测，进行持续认证。农事活动有记录，加工销售有台账。检验员制度：检验人员必须通过江苏省有关部门的培训合格后才能上岗，每批次产品必须检验检测合格，封存样品，做好销售记录，才能进入市场，保证产品可追溯到批次、地块。客户投诉制度：妥善处理客户的每一件投诉，让客户满意，让产品有所改进。在此基础上，还在农田、仓库、加工车间等关键场所安装了监控，产品的重要质量指标均通过数字传感器上传至省、市农业管理部门，实时监管。

三虹有机稻米基地的建设得到了各级领导和有关专家的关心支持，产品质量和品牌建设有了长足的进步。江苏省原省委常委、副省长黄莉新视察了三虹有机稻米基地，原省委副书记石泰峰两次到三虹有机稻米基地"三解三促"，驻点调研。张洪程院士，南京农业大学原校长郑晓波、副校长丁艳峰，以及中国有机稻米发展创新联盟执行主席金连登等专家都曾到三虹有机稻米基地考察指导，传授"真经"。他们对三虹有机稻米基地的建设给予了热情鼓励、具体指导和中肯评价。合作社还与江苏嘉贤米业等企业互动，交流技术，交换品种，扬长避短，共谋发展。合作社今后要严格对照相关国家质量标准和法规，以质量为企业生命，做强品牌，打造放心大米，造福千家万户，增加农民收入。

（编写人：唐福泉 李玲霞 唐崇德）

五常市优贡水稻种植专业合作社（黑龙江模式）——发挥五常大米品牌优势 专注生产有机稻花香米

一、企业概况

五常市优贡水稻种植专业合作社位于黑龙江省五常市龙凤山镇，专注于有机稻米的生产和销售。合作社于 2013 年设立，过多年的努力，已经建立起了一套完整的有机稻米种植、生产和销售体系，以其高质量的有机稻米和富硒米赢得了良好的声誉。

五常市优贡水稻种植专业合作社基地共有有机水稻田近 90 hm²、富硒水稻田 33 hm²。基地交通便利，环境无污染，土壤肥沃，黑土层较厚，有机质丰富，同时，灌溉设施配置合理，为生产优质有机稻米提供了良好的基础条件。

五常市优贡水稻种植专业合作社的主要产品有"局地宝"牌稻花香大米、有机稻花香大米、有机富硒稻花香大米。有机富硒稻花香大米米粒晶莹剔透、松软顺滑、清香爽口、饭粒表面油亮光滑，剩饭不回生，不仅美味可口，且富含多种微量元素和矿物质，对于人体的健康非常有益。合作社注重产品的质量和安全，所有产品都经过严格的检测。

五常市优贡水稻种植专业合作社秉承"质量至上，信誉第一"的经营理念，以"局地宝"品牌为核心，致力于为消费者提供健康、安全的有机大米。同时，合作社注重自然生态环境的保护，推行可持续发展的种植管理模式，提高了基地的水土保持能力，在为消费者提供健康食品的同时，也为保护生态环境贡献了自己的力量。

二、生产单元环境状况

黑龙江省五常市拥有得天独厚的气候和土壤条件，适合水稻的生长。五常市位于黑龙江省中部，属于温带大陆性季风气候，冬季寒冷，夏季炎热，年降水量适中，四季分明。土壤主要是黑土，土壤肥沃，有机质含量丰富，黑土层深达 70 cm 以上，土壤质地疏松，保水性好，透气性强，土壤 pH 值为 6.0~7.2。

五常市的环境质量较好，水质清洁，空气新鲜，土壤无污染，适宜发展有机农业。

三、生产、科研团队状况

合作社有高级工程师 2 名，负责领导和指导科研项目，参与产品创新和技术改进；农业技术专家 3 名，负责农业技术研究和种植实践，提供种植和管理方面的专业指导；加工工程师 12 名，负责稻米加工工艺的研究与改进，确保产品的质量和口感；品质控制人员 2 名，负责产品的质量监控和检测，在全生产流程中进行品质控制。此外，还有市场营销、财务、人力资源等若干职能部门，支持企业的运营和管理工作。

四、有机稻米生产优势与主要风险

（一）生产优势

合作社种植的水稻品种为稻花香。稻花香水稻生育期 143 天，在破口扬花期，稻田满是花香，所以当地稻农称之为稻花香。经专家精心改良杂交后培育的稻花香 2 号（五优稻 4 号），不仅稻田飘香、煮饭飘香，而且米饭吃起来也有淡淡的清香，软糯香甜。

五常大米素有"千年水稻，百年贡米"之誉。五常市北接松嫩平原，东南靠张广才岭，耕地面积 279 200 hm²，其中水田面积 14 000 hm²，地貌呈"六山一水半草二分田"格局。五常大米为拥有"中国地理标志""产地证明商标""中国名牌产品""中国名牌农产品"和"中国驰名商标"5 项桂冠的于一身的大米产品。

五常市优贡水稻种植专业合作社依托自身的地理优势创立了五常"局地宝"稻花香大米品牌。2018 年，合作社负责人刘杨被授予"中国富硒行业特别贡献奖"，五常"局地宝"有机富硒稻花香大米被评为"中国富硒行业十大金奖产品"。2019 年，"局地宝"大米在首届全国中高端品牌粮农产品展会上被评为"优质品牌大米"。2021 年，"局地宝"大米在全国稻米精深加工产业技术创新发展大会上被授予产品创新奖。2022 年，"局地宝"大米荣获首届"国稻有机米联杯"全国有机稻米优佳好食味品鉴评选争霸赛金奖，在第三届国际米食味品鉴大会中国赛区总决赛中荣获优胜奖。这些荣誉进一步增强了产品在市场中的竞争力。

（二）主要风险

有机水稻生产中的风险主要是气候变化及病虫害等，合作社采取了相应的管理和应对措施来控制这些风险，确保有机稻米的品质和质量。气候因素（如干旱、洪涝等极端天气）会对有机稻米的种植和收割产生不利影响，导致产量下降或品质下降。为了应对这一风险，合作社建立了完善的气象监测系统，及时掌握天气变化情况，采取相应的防灾减灾措施，以降低天气对有机稻米生产造成的不利影响。病虫害是有机稻米生产中的另一个重要风险因素。合作社加强了病虫害监测和预警，及时采取有机耕作技术手段来控制病虫害发生，保障有机水稻的健康生长。

此外，有机稻米市场竞争激烈，为了有效应对市场风险，须在品质、价格、市场推广等方面保持持续的竞争力。合作社致力于提高有机稻米的品质，加强与消费者的沟通和互动，积极开拓市场，提高产品的市场影响力和竞争力。成本控制是有机稻米生产中面对另一风险，合作社采取了一系列措施，优化资源配置，提高生产效率，并通过技术进步和规模效应来降低成本。同时，合作社与合作伙伴建立了长期合作关系，降低原材料采购成本，并优化供应链管理，有效降低成本。

五、有机水稻生产主要技术特征

（一）优选品种

选择优质稻花香水稻品种。合作社主要产品有"局地宝"稻花香大米、"局地宝"富硒稻花香大米、"局地宝"有机稻花香米。

"局地宝"稻花香大米：该产品是合作社的核心产品之一，通过精细的种植、加工和质量控制，以其优良的品质受到了广大消费者的认可。

"局地宝"富硒稻花香大米：在有机稻米种植过程中，通过科学的品种选育和栽培技术，成功培育出富含硒元素的有机大米产品，这种大米具有较高的营养价值。

"局地宝"有机稻花香大米：合作社采取有机种植方式和精细的加工工艺，成功生产出具有独特芳香和口感的有机稻花香大米产品，该产品以高食味值和独特的香气受到了专家和消费者的赞誉。

（二）适时抢播

每年 3 月 25 日开始晒种提高种子的活力，晒种后浸种，4 月 1—10 日在育苗棚中育苗。采用秧盘育苗，酵素有机壮秧剂混合泥炭土铺平秧盘，撒种后使用山林细土覆盖。

（三）耕作方式

4 月 15 日土地渐渐变干，根据情况每公顷使用 1 t 生石灰消毒，每公顷施用酵素有机肥 1.5 t、海洋生物炭能钙 0.5 t、自制饼肥 0.5 t，使用大型机械深旋刨地。

（四）移栽方法

由于合作社生产基地土质松软，因此采用机械插秧或人工插秧。土质松软、黑土较厚的地块人工插秧，行距 33.33 cm，株距 26.66 cm；土质稍硬实些的地块采用久富 6 行水上漂插秧机，行距 33.33 cm，株距 23.33 cm。稻花香品种（五优稻 4 号）的特点是棵岔快、稻秆软、长得高、易倒伏。为避免秋季倒伏减产，宜加大行距与株距利于通风，通过阶段性晒田增强稻谷扎根深度。

（五）科学管理

种植有机稻谷使用有机肥料，前期效果不好，5 月 5—20 日小满前后完成移栽，在水稻移栽后 15 天施用酵素返青分蘖肥；根据情况施用欧盟有机认证许可使用的蛋白酶和进口铜制剂进行叶面喷施，预防冻伤与病虫害。6 月 20 日施用微生物肥和自制酵素，加强分蘖，提高水稻活力。7 月 10 日水稻坐胎期至破口期使用蛋白酶、铜制剂、自制酵素预防病虫害并增加稻谷营养，破口期至灌浆期使用有机富硒叶面肥。水稻移栽后安排 3 次人工除草，实行专人管理、专人除草，合理把控时间，如杂草较多要增加 1 次除草。

（六）适时收获

9 月 23 日秋分后收割，主要是人工和机械打捆，在五常有句老话"秋分不生田"，就是说过了秋分稻谷在田里就不生长了，到了最佳收割期，将水稻收割打捆，稻秆中的营养成分会转移到稻谷里，经历多次霜冻直至稻秆中的水分降到 15.5%，开始脱粒入库。五常稻花香 2 号（五优稻 4 号）品种是活秆成熟，合作社采用的采收方式是在秋分后霜冻前及时人工收割打捆码垛，稻谷经历逾 1 个月的风霜，稻秆渐渐变干，稻谷水分降到 15.5%以下，这样的五常稻米品质更佳。

六、集成技术应用成效

"局地宝"有机稻花香大米的卓越品质，增强了合作社的市场竞争力，产值达到 3 500~4 200 元/亩，纯收益达到 700~800 元/亩。

（编写人：刘杨　蔡庆尧　熊艺霖）

第三章

有机籼稻生产企业技术应用与模式创新典范案例选编

罗定市丰智昌顺科技有限公司（广东模式）
——广东双季有机水稻生产技术集成应用模式

一、企业概况

罗定市丰智昌顺科技有限公司（以下简称丰智昌顺）是一家集科研、生产、销售为一体的农业高新技术企业。该公司最早成立于 2002 年 12 月，隶属珠海丰智科技有限公司，因业务发展需要于 2006 年 5 月独立注册。2003 年开始种植双季有机水稻，分别在广东省罗定市罗平镇替西村、泗纶镇胜乐村建立有机水稻种植基地 4.60 hm^2 和 21.27 hm^2，总面积 25.87 hm^2。2006—2023 年，丰智昌顺双季有机水稻先后获得北京中绿华夏有机食品认证中心、日本 JONA-IFOAM、欧盟 ECOCERT SA 的有机产品认证，有机认证面积 25.87 hm^2。现丰智昌顺水稻年播种面积 51.74 hm^2，年产稻谷 310 t，其中，用于酿酒的稻谷 80 t，用于碾米的稻谷 230 t，大米产量和碎米产量分别为 138 t 和 15.63 t，并持续保持着有机认证。

二、环境设施条件及主栽品种

罗定市地处北回归线南侧，属南亚热带季风气候，雨热同季，年积温为 8 176℃，年均降水量为 1 387.4 mm，年均蒸发量为 1 312.2 mm，年均日照时数 1 637.0 h，无霜期 362 天，属粤中北双季稻作区。

丰智昌顺位于罗定市泗纶镇胜乐村的亚灿米有机水稻种植基地，海拔 83.2 m，面积 21.27 hm^2；基地四面环山，像一个小盆地，受台风影响小；同时，基地四面有天然小河流和水利工程环绕，受外界的干扰少。灌溉水源引自湘垌水库，水量充足，水质优良；土壤为淹育水稻土，成土母质为砂页岩风化物，土质达到土壤肥力Ⅰ类标准，有机质含量为 37.1 g/kg，土壤 pH 值为 5.7；基地位于山区，且远离工矿企业，空气质量优。

生产基地具有完善的稻田机耕主干道和独立的排灌水渠设施，具备育秧插秧机械化设施，并设有农机具存放间、农业生产资料存放间、役鸭育雏间、鸭塘、鸭棚、鸭舍、员工休息间、保安室、田间观摩产品展示室、田间气象监测站、田间监控系统等设施。

有机水稻主栽品种美香占 2 号为感温型常规籼稻品种。2002 年由广东省农业科学院水稻研究所育成，2006 年通过广东省审定（审定编号：粤审稻2006009），是当前广东省食味品质最好的优质香稻品种之一。丰智昌顺从 2003 年晚稻开始种植该品种，至 2023 年年底已有 20 年 39 造（茬）历史，品质保持优良。此外，根据公司发展和市场的需求，该公司还建立了常规优质水稻品种引种科研试验圃，从相关区引入了近百个水稻品种试种，从中选择优质、多抗、稳产、适种的可替代新品种。

三、技术引进与人才队伍状况

（一）引进我国台湾碧全天然健生栽培技术

2003 年，国际环保学者 Baslilio 先生结合我国台湾、美国等稻米栽培专家的观点，以提高土壤有机质含量、降低土壤农药残留、修复土壤为目的，结合罗定市的实际情况，利用独有的天然种植环境，促使作物天然健生，在原台湾碧全天然健生栽培技术的基础上，成功创造了适合罗定市的丰智水稻天然健生栽培方法。

（二）聘请国内专家为稻米产业技术顾问

2016 年 10 月，罗定市人民政府结合稻米全产业链发展规划实施需要，聘请中国水稻研究所金连登研究员、华南农业大学陈志强教授、仲恺农业工程学院刘光华博士等 10 位专家为罗定市稻米产业技术顾问，为有机水稻生产提供技术指导。

（三）科技特派员提供技术支撑

2016 年以来，丰智昌顺先后与中国水稻研究所农业部稻米产品质量安全风险评估实验室、华南农业大学、仲恺农业工程学院、华南理工大学、广东省农业科学院植物保护研究所等科研机构建立了产学研合作关系，聘请专家作为科技特派员，涉及专业包括生态学、土壤学、农学、作物遗传育种、食品科学与工程、作物栽培学与耕作学、农业昆虫与害虫防治等。

（四）企业人才团队

丰智昌顺现有员工30多人，其中本科及以上学历3人，专科学历5人，高级职称2人，中级职称2人，初级职称4人。10余名专业技术人员分别在公司总部、稻谷生产基地、有机肥料生产厂、亚灿米系列有机食品研发中心、醋厂、膨化食品厂、糕点厂、食品加工包装厂、销售部、智能科技部等部门任职。华南农业大学章家恩教授作为外聘专家受聘为公司技术负责人。罗定市农业发展中心梁中尧高级农艺师作为公司兼职农业技术人员，主要负责有机水稻种植工作，至今已有20年。成功引入了水稻"三控"施肥技术，使植株生长稳健，成穗率高，病虫少，高产稳产，在罗平镇替西村基地2010—2011年早稻生产中，连续创下了大面积平均单产 6.00 t/hm²、6.78 t/hm² 的纪录，并以此为范例进行技术推广，引导农民改变施肥习惯，提高肥料利用率，减少农业面源污染。

四、生产优势与存在风险

（一）生产优势

丰智昌顺从事水稻有机种植已有20年，积累了较丰富的经验，形成较多解决实际问题的技术手段，生产的有机稻米产量高、品质好，创立了"亚灿米"有机稻米品牌，先后取得国内中绿华夏有机产品认证、日本 JONA-IFOAM 有机认证、欧盟 ECOCERT SA 有机认证。该公司选择种植美香占2号水稻品种，早稻米品质优良，在2017年广东云浮·罗定稻米节"好味稻"评选中获得籼米金奖第一名，食味评分为87分，打破了人们认为早稻籼米品质差的成见。此外，丰智昌顺流转农民土地建设生产基地，自行种植、自行加工，风险和品质可控程度高。2013年，丰智昌顺在广西壮族自治区富川瑶族自治县古城镇高路村建设新基地，创立"富香壹佰"有机稻米品牌，实现了较为成功的复制，为有机稻米的进一步的产业化发展奠定了基础。

（二）主要风险

丰智昌顺有机稻米生产存在的风险主要有两个。一是水稻病虫害发生严重。种植基地所在的华南双季稻作区，雨热同季，高温高湿同季出现，稻瘟病、稻飞虱等病虫害严重发生，防控压力大。同时，一些次要病虫害

（如胡麻叶斑病、细菌性条斑病、稻曲病、稻茎水蝇类等）在特殊的条件下也会大规模发生，直接影响稻米的产量和品质。二是气候多变影响稻米品质。种植基地所在地虽无台风，但会受台风带来的强降雨影响，此外，个别年份夏季会发生早稻高温逼熟，影响稻米的品质。

五、主要技术特征

一是采用引进技术与自主研发相结合，在大量的生产实践中不断摸索完善，将各项适宜的技术本土化，具有鲜明的华南稻区因地制宜地域特色。水稻主栽品种和施肥技术选用广东省农业科学院水稻研究所的美香占2号和水稻"三控"施肥技术；绿肥紫云英品种选用广东省土壤肥料总站的粤肥2号，红萍品种选用20世纪70年代末已引入罗定市的细叶满江红。

二是坚持种养结合技术应用，实施稻鸭共育生产。役鸭品种选用本地的鬼头鸭。

三是制作有机肥采取"内循环"技术。用来制作有机肥PNE菌液的菌种是在当地提取、分离、纯化、按比例混合的复合菌种；生产有机肥的主要原料是有机谷壳、有机米糠、生产有机酒的酒糟、本地花生粕。

四是实施依据基地地块大小分类的生产布局。罗定市以山区为主，单个种植基地的面积都很小，最大的 25.87 hm²，最小的 4.60 hm²，规模小的基地用作品种试验、品种繁育和技术试验，规模大的基地用作生产，因地制宜，精致耕作。

六、技术要点与模式

（一）产地条件管控技术及模式要点

丰智昌顺水稻基地土壤、灌溉水、大气、产地环境质量符合 NY/T 391—2021《绿色食品　产地环境质量》的技术要求，适宜发展有机食品生产；基地周边有自然河流和水利工程，有田间道路和天然林带作为隔离带，可有效防止外来污染，在没有有效隔离的地方设置缓冲带，并设有隔水沟和田埂；鸭网围在缓冲带与有机稻田之间的田埂上，防止鸭子进入缓冲带造成常规稻田水体进入有机稻田；缓冲带上种植的水稻品种为黑粒香糯，与有机稻田的美香占2号区别明显，缓冲带上的水稻按有机方式种植，但产品单独收获并按常规产品处理；基地有机生产单元内没有平行生产，但为防止污染，在收割有机稻谷前收割机还是进行了冲顶处理。罗定市气象局在基地建设了 WP3103 型自动气象观测监测站，设置有温度、湿度、降水量、气压、风向风速传感器和采集器，实时监测气象变化；同时，丰智昌顺在基地建设了虫情和土壤墒情监测站，实时监测水稻虫害的数据，风速风向、环境温湿度、光照等气象数据，以及土壤含水量、土壤温度湿度等数据，并实时把数据上传到农语云物联网管理平台，方便种植管理者第一时间获取病虫害和气候信息并及时处理。丰智昌顺已实现了耕、种、收、植保、中耕除草、稻谷烘干等环节的全程机械化生产，各类机械在作业前后进行充分的清洁和检修处理，防止机油、燃油溢出污染农田或产品，必要时进行冲顶处理，防止外来污染和交叉污染。产品在通风、干爽、阴凉、可控温的环境下单独存放。

（二）水稻品种选用与育插秧技术要点

1. 水稻品种选用

选择好的品种是生产高品质产品的关键。丰智昌顺早期定下了"三品"路线图，即"品种—品质—品牌"。第一步是寻找好的品种，选择标准是好看、好吃、好种，即米粒泛丝光、米饭色洁白、有光泽、团粒性状好、口感爽滑且有弹性、饭味浓，品种抗逆性强、种植容易、品质稳定、高产稳产。丰智昌顺通过品种试种筛选了美香占 2 号，区试结果表明它是低产品种，2003 年和 2004 年两年晚稻，在其他试验点按照常规种植方式生产平均单产只有 5.31 t/hm²、5.64 t/hm²，比对照品种粳籼89 分别减产14.17% 和 11.70%，减产均达极显著水平，但在罗定试点表现却十分突出，单产分别为 6.79 t/hm²、7.02 t/hm²，仅比对照品种粳籼 89 减产1.3% 和 1.0%，减产均未达显著水平。美香占 2 号在罗定市表现出良好的适宜性，晚稻米质达国家标准和省级标准优质二级，外观品质为晚稻特一级，有香味，整精米率 63.7% ~ 67.0%，垩白粒率 8% ~ 20%，垩白度0.8% ~ 1.4%，直链淀粉含量 15.0% ~ 17.6%，胶稠度 72 ~ 77 mm，理化分值为 63 分，食味品质分值为 82 分，可开发成中高档优质稻米产品。丰智昌顺种植美占香 2 号已有 20 年，至今无可替代。为了保持稻米品质持续稳定，丰智昌顺通过无性繁殖（扦插）的方式保持原种的纯度，利用原种单植株扩繁生产种子。种子生产在有机稻田进行，生产出来的是有机种子。

2. 育插秧技术

采用机械化播种育秧方式，主要的流程：翻晒种子→使用食盐水进行种子消毒并去除不饱满的种子→加温增氧浸种（36℃、36 h）→种子脱水→碎土、混入基肥→装土→加湿→播种→盖土→移入催芽室高温高湿催芽（36℃、60 h）→移入秧田绿化育秧。机械化播种育秧泥土与肥料混合均匀，播种均匀，实现了半旱育，提高了秧苗质量。插秧方式是机械插秧，使用洋马 VP6 型乘座式插秧机插秧。

（三）农家肥堆（沤）技术要点

丰智昌顺建成年生产能力 900 t 的机械化有机肥生产线。有机肥原料配比为花生粕 54%、有机米糠 5%、有机稻壳 18%、草木灰 10%、黏土等13%，PNE 菌液用量为以上原料总量的 1%。制作方法是将以上原料搅拌均匀，将 PNE 菌液稀释为 300 倍液，分层均匀泼浇在原料上，使原料中的水分含量调整至 40%~50% 后得到发酵原料。将发酵原料放进发酵槽中，进行发酵，每天翻堆 1 次，发酵至第五天肥料温度达到最高，约68℃，然后下降，当温度降至约 33℃ 时发酵完成。约 15 天完成发酵，定量包装，待用。所制作的有机肥有效氮（N）含量为 3.92%，有效磷（P_2O_5）含量为 1.86%，有效钾（K_2O）含量为 4.32%。

（四）稻田培肥与科学精准施肥技术要点

丰智昌顺通过种植绿肥（冬种紫云英、水面养红萍），稻草粉碎直接还田，施用有机谷壳、有机米糠、生产有机酒的酒糟、花生粕、草木灰、黏土等制成的有机肥，有效实现双季稻区有机水稻生产系统内物质循环和可持续生产。

1. 冬种紫云英

品种：广东省土壤肥料总站培育的粤肥 2 号。

播种：播种时间为 10 月中下旬，在水稻收获前 15 天左右；播种量一般为 22.5~30.0 kg/hm²；采用撒播方法播种，播种前须擦伤种皮，浸种催芽，接种根瘤菌。

水分管理：稻田套种紫云英须薄水播种，湿润出苗，灌"跑马水"保苗。由于紫云英苗期和水稻生长后期在一起，水分管理要协调，一般紫云英齐苗后，田间就要断水，田面适度开裂、硬实有利于水稻收割作业，这样对紫云英幼苗的伤害最少。在紫云英生长期间遇旱要灌水，但也要做好排涝防渍的准备，尤其注意防春后明涝暗渍。因此，在水稻收获后必须开好田间水沟，做到旱能灌、涝能排。

留种：留种田一般按冬播面积的 8%～12% 安排。留种田要求地势高爽，排灌方便，土质疏松，肥力中上，集中连片。选用晚熟种子可防止品种退化。播种量一般为 15.0～22.5 kg/hm²，适当稀播，均匀播种。收种前要去杂去劣，当种荚有 80% 以上变黑时，趁早上露水未干时收割，以减少落荚。在广东罗定，紫云英种子成熟期在 3 月中下旬。

应用：紫云英在盛花初荚期直接翻耕入田。在广东罗定，紫云英盛花初荚期在 2 月中下旬，须及时灌水翻耕入田并形成水面，让在紫云英下面越冬的红萍被打散后浮上水面繁殖。

2. 水生绿肥红萍冬繁技术

红萍是稻田重要的水生绿肥，有固氮富钾作用，如果利用得好，其累计生长量可以超过紫云英。红萍可以在南方的有机水稻基地安全越冬，但在通常情况下田间残存的红萍量很少，不利于开春后数量的形成，有必要进行红萍冬繁，以增加冬后萍源基数。

品种：选用 20 世纪 70 年代末引入当地的细叶满江红。

材料准备：7 月中旬，有机早稻收割时收集好稻秆晒干，制作稻秆堆肥备用；在 9 月初，有机晚稻封行前在田间收集红萍，盆栽作萍种。

红萍冬繁：①11 月中旬，有机晚稻收获后，按长 2.5 m、宽 1.0 m、深 20 cm 的规格挖好串联的育萍池并灌满水。②往育萍池施入稻秆堆肥 2.5 kg，浸润后压沉于水面，然后放入红萍铺好，即种萍完毕。③气温低于 15℃ 时覆盖透明的塑料薄膜保温，气温高于 25℃ 时揭膜散热。④各池红萍长成增厚后，可根据需要分池繁殖。⑤各萍池每分萍 1 次，须施入 1 次有机肥，每池 0.2 kg 为宜，直接与水体混匀。

3. 大田水面养红萍

①创造良好的越冬和越夏环境。红萍怕冷、怕热、怕旱、怕阴、喜光，低于 10℃ 和高于 35℃ 都不利于其生长，缺水则很快死亡。因此，保持田间适度湿润，利用地温冬暖夏凉，让红萍在泥面安全越冬、越夏。②尽早形成水面是关键。早稻在 2 月下旬、晚稻在早稻收割后，及早灌水打田，红萍被打散浮于水面，又有役鸭耘田起加速分萍作用。③由于早稻生育期气温适宜，是扩繁和利用红萍的黄金季节，红萍会很快铺满水面迅速长厚，旺盛生长的时间长；晚稻生育期气温高，红萍生长量远不如早稻

生育期多，因此，抓好早稻红萍的利用是重点。

4. 科学精准施肥技术

丰智昌顺采用广东省农业科学院水稻研究所的水稻"三控"施肥技术，提高肥料利用率，植株生长稳健，成穗率高，病虫少，高产稳产。

施用丰智昌顺自制的有机肥。按 JONA-IFOAM 有机认证要求，稻田中氮的总投入量每造（茬）必须低于 80 kg/hm²，由此确定总施肥量为 2 025 kg/hm²，分作基肥、保蘗肥、促花肥施用，早稻分别是 750 kg/hm²、525 kg/hm²、750 kg/hm²，晚稻分别是 750 kg/hm²、750 kg/hm²、525 kg/hm²。役鸭有分萍、踏肥、浑水作用，有利于肥料的混匀，使有机肥流失少、利用率高。

（五）水稻病虫害防控技术要点

1. 实施健身栽培，减轻病虫害发生

通过控肥、控苗，推迟了水稻封行期，水稻在孕穗期—齐穗期才封行，水稻生长的前期和中期，每一单株、每一分蘗都能得到充足的阳光、空气，水稻孕穗后，每一茎秆都生长健壮，叶片挺直，群体通风透光良好，这样的条件不利于病虫害的发生、发展，从而达到防控病虫害的目的。

2. 稻鸭共育技术（插秧前役鸭）

稻鸭共育技术是一项成熟、稳定的技术，鸭子和稻苗在水田里共同成长的方法，被各地有机水稻种植者普遍采用。

役鸭准备：品种选用适宜罗定市的"鬼头鸭"。早稻生产于上一年 12 月中旬开始饲养雏鸭，至 2 月下旬体重达到 2.0~2.5 kg。晚稻生产于 5 月上旬开始饲养雏鸭，至 7 月上旬体重达到 2.0~2.5 kg。役鸭数量是 225 只/10 hm²。

役鸭工作：插秧前需要人工驱赶、控制役鸭才有好的效果。早稻生育期，在 2 月下旬至 3 月上旬，驱赶役鸭跟随在翻耕绿肥的旋耕机后，捕食蚯蚓；3 月中旬，役鸭可起到耘田、捕食福寿螺、抑制杂草生长的作用；3 月下旬至 4 月初，役鸭可起到耘田的作用，把有机肥与泥浆混匀。晚稻生育期中，7 月上中旬，役鸭随着灌水、翻耕、沤田，捡食落地谷、捕食福寿螺、耘田；7 月下旬至 8 月初，役鸭耘田，把有机肥与泥浆混匀。

役鸭效果：可有效控制稻田蚯蚓、福寿螺、杂草，并提高有机肥的

肥效。

3. 鼠害防治技术

罗定市为害秧苗的鼠害猖獗，最初采用"电猫"防范鼠害，但经过多年的应用，老鼠已能够突破"电猫"的防护，秧苗的损失率高达30%，"电猫"设施形同虚设，因此，利用老鼠对铁丝网锋利剪口的畏惧，采用了新方法。选用孔径1 cm、径粗1 mm的铁丝网，剪成35 cm宽的条幅。用剪好的铁丝网，将锋利的断口朝上，绕秧田围成闭合的圈。采用此方法防范老鼠，秧苗损失率不足1%。

4. 性诱剂捕虫器

一般在飞蛾大发生前布设好性诱剂捕虫器。早稻在4月下旬，晚稻在8月下旬，使用新型飞蛾诱捕器，内装二化螟性诱剂诱芯或稻纵卷叶螟性信息素诱芯，每种各15个/hm²，均匀布设，诱捕稻纵卷叶螟的飞蛾诱捕器口低于叶尖10 cm，诱捕二化螟的飞蛾诱捕器口要高于叶尖10 cm，随水稻植株长高而调高飞蛾诱捕器。利用性诱剂捕虫器诱捕成虫效果好，防治效果较理想，且平时不用清理诱捕器内的飞蛾。在水稻乳熟期回收飞蛾诱捕器，拔出诱芯，清除飞蛾集中处理。诱捕器可重复使用。

5. 杀虫真菌

分别在稻飞虱虫龄尚小且数量尚少时期、稻飞虱数量上升期、稻飞虱数量高峰期、水稻破口期傍晚后应用无人机喷施金龟子绿僵菌CQMa421可分散油悬剂，防治稻飞虱兼治稻纵卷叶螟、二化螟、叶蝉等害虫，效果良好。同时，在黏虫（剃枝虫）暴发时，使用苏云金杆菌（胃毒）应急防治，效果较好。

（六）稻田草害防控技术要点

1. 以鸭除草

耕田役鸭能把插秧前萌发的杂草控制住。插秧后，杂草主要靠田鸭控制。

选用田鸭的品种为"鬼头鸭"，插秧当日引入刚孵化的鸭苗育稚、驯水，数量是180~225只/hm²。

放鸭前，以每0.33 hm²为一个单元围网分隔，每个单元建1间鸭舍。

插秧后7天放入7日龄的鸭苗，这时杂草很小，鸭子也很小，足够数量的鸭子能控制杂草的生长。随着禾苗与杂草的生长，鸭子也长大并同步控制杂草的生长。除了除草，田鸭还能还啄食稻飞虱、稻叶蝉、福寿螺等有害生物，并有分蘖、耘田、混水等作用，田鸭效果：可以有效控制杂草。可促进水面红萍生长，并提高水稻对肥料的利用率。

2. 以萍压草

红萍及时铺满田间水面，能阻隔阳光，压制杂草的生长。

3. 中耕除草机除草

在插秧后 15 天，使用中耕除草机除草，并在作业前施入保蘖肥，在除草的同时使肥料深施，有效提高肥料的利用率。

（七）稻田休耕与轮作技术要点

丰智昌顺公司有机水稻的种植模式是稻—稻—紫云英水旱轮作模式。水稻品种选用广东丝苗型优质香稻美香占 2 号，紫云英品种选用粤肥 2 号，种植模式是有机双季稻。

种植流程：早稻 2 月底至 3 月初播种，3 月底至 4 月初插秧，6 月上旬至中旬抽穗，7 月上旬至中旬成熟；晚稻 7 月上旬至中旬播种，7 月下旬至 8 月初插秧，10 月上旬至中旬抽穗，11 月中旬成熟。紫云英在 10 月中下旬晚稻黄熟期初播种（套种）；11 月中旬长出第一片真叶；翌年 2 月中下旬盛花初荚期，翻耕压青，或 3 月中下旬种子成熟期，收获种子。

（八）稻田秸秆处理技术要点

稻田秸秆在收割时直接粉碎还田。早稻收割时稻茬尽量剪低，有利于翻耕后稻茬腐熟；晚稻收割时稻茬尽量留高，有利于紫云英幼苗期遮阳并减少稻草覆盖的影响。

（九）稻谷收获与干燥技术要点

在水稻完熟期初，使用全喂入式收割机收割稻谷；使用金子农机（无锡）有限公司的 CEL－RBS 型谷物干燥机干燥稻谷，水分控制在13.5%以下。

（十）稻谷贮存技术要点

丰智昌顺设有专用冷链系统，使用冷库贮存稻谷，贮存温度控制在4~8℃，可有效保鲜保质。

七、集成技术应用成效

丰智昌顺长期致力于现代农业、农产品加工的技术研究，把农业生物工程、有机农产品精深加工和机械工程等方面的应用技术进行有机集成，初步实现了用科技武装企业的目标，实施了有机稻米的全产业链效益提升行动。

（一）技术成果的集成应用，彰显了"亚灿米"有机品牌的经济效益、生态效益和社会效益

有机农业可以为社会提供安全、健康、环保的食品。随着人们生活水平的提高和环境意识的增强，人们越来越注重对健康的投资，有机产品逐步走入人们的生活，消费者为了自身健康，愿意购买有机食品。同时，消费有机食品还能对环境保护和可持续发展作出贡献。

发展有机食品有助于保护和改善农村生态环境、提高食品质量、推动农业结构调整与产业升级、增加农民收入、构筑新的经济增长点，可见，有机农业是协调经济、社会、环境三大效益的突破口。

近几年来，丰智昌顺在有机水稻生产中应用集成技术取得了可喜的成绩。2010年，亚灿米生产基地被评定为"广东省健康农业科技示范基地"；2011年5月，亚灿米水稻种植技术标准化示范区通过广东省验收；2015年5月，亚灿米生产基地被农业部稻米产品质量安全风险评估实验室评定为"国家农业行业标准NY/T 2410—2013《有机水稻生产质量控制技术规范》应用推广示范基地"；2016年9月，亚灿米生产基地被评定为"全国青少年儿童食品安全科技创新实验示范（广东罗定）基地"；2017年9月，亚灿米生产基地获"中国优质稻米基地"荣誉称号。

（二）集成技术的应用，使亚灿米产业得到显著提升

自2007年以来，亚灿米系列有机产品经历了从滞销到畅销、从内销到出口的历程。丰智昌顺通过校企合作吸引科技人才和技术，将外来技术本土化，集成为"丰智天然健生栽培法"，推动了亚灿米产业的发展，公司效益逐年提高，产品类型从单一走向多元，从田间生产走向"品种、品质、品味、品牌"联动发展之路。

2017年10月，丰智昌顺被农业部稻米产品质量安全风险评估实验室评选为"有机水稻标准应用'促进产业延伸与三产融合发展'优胜单位""有机水稻标准应用'生产全程可追溯体系电子化构建'优胜单位""有机水稻标准应用'生产全程质量控制与集成技术应用'综合优胜单位"，

还被中国有机稻米标准化生产发展创新联盟认定为"有机稻米生产集成技术创新与应用标杆单位"。2021 年 12 月，丰智昌顺参与的"广东丝苗型优质稻美香占 2 号的大规模产业化应用与推广"项目获广东省农业技术推广奖一等奖。

八、技术成果

（一）实施项目

2014 年，丰智昌顺在罗定市投资建设云浮市有机稻米深加工工程技术研究中心，并于 2016 年 7 月通过云浮市科学技术局认定，其主要研究方向为有机稻米深加工技术及发酵工艺研发。目前已开发有机亚灿米、定台玉液有机白酒两个主要产品，并获得有机认证。此外，还开发出膨化食品米果、酿造米陈醋、米豆腐、米咖啡、米蛋糕等精深加工产品，其中膨化食品米果、酿造米陈醋已于 2022 年投放市场。

2016 年 10 月，农业部稻米产品质量安全风险评估实验室罗定科技合作与创新研究工作站、中国有机稻米标准化生产创新发展联盟华南稻区指导与服务工作总部、广东省现代生态农业与循环农业工程技术研究中心罗定工作站在丰智昌顺挂牌成立。2020 年 10 月，华南农业大学乡村生态振兴产业学院落户丰智昌顺。2021 年 10 月，丰智昌顺获国家稻米精深加工产业技术创新战略联盟有机稻米产业分联盟和中国有机稻米标准化生产创新发展联盟专家智库委员会批准，成为国家稻米精深加工产业技术创新战略联盟有机稻米产业分联盟华南稻区服务与指导创新中心，以及南方籼稻产区有机稻米精深加工新产品研发与清洁化生产定点企业。

（二）授权专利

丰智昌顺现有授权专利 18 项，其中发明专利 2 项、实用新型专利 16 项。发明专利为"碾米机"和"一种高营养水稻品种的选育方法"。实用新型专利主要包括"一种大米加工除杂系统""一种新型温室育苗设备""一种新型稻鸭共作鸭棚""一种谷物自动称重包装设备""旋耕辅助开沟装置""田间农作物运输装置"等。

（三）企业标准

在生产经营中，制定并执行系列企业标准，包括《亚灿米生产技术规程》《水稻种植生产技术规程》《植物产品收获规程及收获、采集后运输、加工、储藏各道工序的操作规程》《稻谷收获、运输、烘晒、筛选规程》《稻谷包装和储藏规程》《大米、碎大米加工规程》《大米、碎大米储藏规程》《大米、碎大米运输规程》《大米、碎大米销售操作规程》《怀疑产品和投入物的处理规程》《怀疑投入物的处理规程》《出货规程》《运输工具、机械设备及仓储设施的维护、清洁规程》《加工厂卫生管理与有害生物控制规程》《标签及生产批号的管理规程》《员工培训规程》《稻鸭共作操作技术规程》《农健宝有机肥料生产操作规程》和《检验室操作技术规程》。为了更能规范地实施双季有机籼稻的农事操作，还专门推行了"农事操作日历"。

（四）人才培养

建立有效的激励机制和人才培养机制，充分激发研发团队的工作热情和积极性，增强企业对技术人才的凝聚力，并积极吸纳社会中的科技人才，不断为企业研发中心充实力量，提高企业研发中心人员的整体综合素质。

（五）品牌建设与发展

2007年以来，丰智昌顺已注册"亚灿""亚灿米""灿神""灿哥""亚灿越光""农健宝"等10多个商标品牌。2011年11月至今，亚灿米获得并保持"广东省名牌产品"称号；2015年7月，亚灿米获准使用"罗定稻米"国家地理标志；2015年8月和2020年7月，亚灿米被广东省质量技术监督局认定为"国际标准产品"；2016年12月和2023年1月，亚灿米产品被广东省高新技术企业协会认定为"广东省高新技术产品"；2016年12月，丰智昌顺被授予"2016中国十大大米区域公用品牌罗定稻米核心企业"称号；2017年3月，亚灿米获"首届广东好大米十大品牌"殊荣。2017年7月至今，亚灿米生产加工持续通过了中国质量认证中心ISO22000食品安全管理体系认证和HACCP体系认证。

（六）获得奖励

2012年3月，亚灿米在第十一届全国粳稻米产业大会荣获"金奖大米""优质品牌籼米""优质食味籼米"3项殊荣；2014年10月，荣获中国农业产品交易会金奖；2016年1月，荣获首届2015中国优佳好食味有机大米金奖；2017年11月，亚灿米荣获广东云浮·罗定稻米节暨名优农产品产销博览会首届"好味稻"优质大米评选籼米金奖；2019年9月，亚灿米获中国绿色食品协会有机农业专业委员会评定的"好食味"全国有机大米金奖；2021 年 9 月，亚灿米荣获中国农民丰收节"美味大米"金奖。

罗定市丰智昌顺科技有限公司双季有机水稻农事操作日历见附表。

附表 罗定市丰智昌顺科技有限公司双季有机水稻农事操作日历

月份	水稻	施肥	植保	鸭子	红萍	紫云英
1				饲养役鸭	越冬	下旬，始花期，迅速长高
2				下旬，役鸭开始耘田	下旬，浮出水面繁殖	下旬，盛花初荚期，灌水翻耕入田
3	1 日，早稻开始播种；20 日，开始插秧	19 日，开始施基肥	7 日，秧苗施药防虫；12 日，秧苗施药防虫；19 日，秧苗施送嫁药	19 日，役鸭开始踏肥；23 日，购入田鸭苗	在水面繁殖较快	
4		10 日，开始施保蘖肥	10 日，开始中耕除草（机械）	1 日，放鸭苗入田	铺满水面，生长旺盛，萍体厚	
5		1 日，开始施促花肥	5 日，施药防虫；10 日，施药防虫；25 日，施药防虫	上旬，购入役鸭苗	铺满水面，生长旺盛，萍体厚	
6	上旬，开始抽穗		1 日，施破口药	上旬，回收田鸭	生长残弱	
7	上旬，开始成熟，收割，随灌水翻耕沤田；10 日，晚稻开始播种；25 日，开始插秧	24 日，开始施基肥	15 日，秧苗施药防虫；19 日，秧苗施药防虫；24 日，秧苗施送嫁药	上旬，役鸭开始耘田；24 日，役鸭开始踏肥；28 日，购入田鸭苗	灌水翻耕后，浮出水面繁殖	
8		15 日，开始施保蘖肥	15 日，开始中耕除草（机械）	5 日，放田鸭苗入田	生长较慢，萍体薄	
9		5 日，开始施促花肥	5 日，施药防虫；10 日，施药防虫；25 日，施药防虫		生长加速，铺满田面，萍体变厚	
10	上旬，开始抽穗		5 日，施破口药	上旬，回收田鸭	生长残弱	20 日，开始播种
11	上旬，开始成熟，收割				越冬	上旬，长出第一片真叶

（续表）

月份	水稻	施肥	植保	鸭子	红萍	紫云英
12				中旬，购入役鸭苗	越冬	中旬，开始分枝

注：①水稻品种：美香占2号，是广东目前食味品质最好的香稻品种之一，在当地种植了20年；②鸭子品种：鬼头鸭，当地品种，有25年以上养殖历史，体形中等，能吞吃大的福寿螺，抗病力强，活动力强；③红萍品种：细绿萍，多酚氧化酶含量高，抗虫，饲用适口性较差，引入当地已有45年；④紫云英品种：粤肥2号，生长量大，在当地种植了27年；⑤作业方式：耕、种、收、植保、中耕除草、稻谷烘干等水稻生产环节全程机械化。

（编写人：李润东　梁中尧　李金玲）

贵州省榕江县粒粒香米业有限公司
（黔东南模式）——以锡利贡米综合技术应用
为重点　保持地方原生品种品质

一、企业概况

贵州省榕江县粒粒香米业有限公司（以下简称粒粒香公司）是专业从事地方特色稻锡利贡米良种繁育、生产加工、产品开发和市场营销的股份制民营企业。该公司秉承健康安全理念，沿用贵州省黔东南山区特殊生态类型珍稀水稻锡利贡米品种，采用稻、鸭、鱼共生的耕种方式，是"二品一标"（绿色食品、有机产品、农产品地理标志）的省级龙头企业。该公司主要业务包括稻谷生产基地建设、稻谷收购、稻谷加工、销售优质大米、代储代存。该公司占地 2.0 万 m^2，建有现代化厂房 2 303 m^2，引进国际最先进的瑞士布勒大米加工生产线，日加工能力 200 t，年加工能力可达 5.0 万 t。建有 1 万 t 原粮储存库平房仓 2 座、圆筒形钢板仓 3 个，以及低温库 6 000 m^3。该公司是国家粮食和物资储备局、中国农业发展银行重点支持的粮油产业化龙头企业、贵州省农业产业化重点龙头企业，2020 年 12 月被评为全国放心粮油示范工程示范加工企业、贵州名牌产品企业、贵州省诚信示范企业，已通过 ISO9001 质量管理体系认证。该公司拥有"锡利""侗粮"两个大米品牌。锡利贡米产品，2017 年入选"中国好粮油产品"企业产品名录，2018 年、2019 年和 2020 年获第一届、第二届、第三届全国优质稻（籼米）品种食味品质鉴评金奖。2019 年 9 月，榕江县被命名为"中国原生态锡利贡米之乡"。

（一）古老品种锡利贡米的历史渊源

据料记载在明朝永乐年间（1403—1424 年），榕江县锡利所产的稻米就远负盛名，曾列为贡品，因此也称为锡利贡米；1957—1958 年中国农业科学院曾对该品种稻米进行过系统考察和研究，1958 年被评定为"上等米"。锡利贡米、锡贡 6 号是锡利县具有自主知识产权和地方特色的优质水稻品种。

锡利贡米 2013 年登记为国家地理标志保护产品，2014 年 11 月获得有机认证，2017 年获得绿色食品认证，实现了"二品一标"。

（二）有机水稻种植优势

1. 产地种植环境优越

水稻种植基地所处区域环境质量优越，周围无任何污染，大气环境达到 GB 3095《环境空气质量指标》二级标准；水环境质量达到 GB 3838《地表水环境质量指标》Ⅱ类标准。农田水、土壤达绿色食品产地环境要求。榕江县是贵州省的主要林业县，境内多保持原始、半原始的生态环境，森林覆盖率达 73.11%，自然植被保存完好，水质清澈透明，无污染。在这里，郁郁葱葱的百年老榕树随处可见，城市化的发展没有颠覆古老的传统，保留着传统的耕作方式以及古老珍贵的稻种。山区所产的稻米，米质优良，口感滑软，冷饭不回生，富含人体必需的多种矿物质元素和氨基酸，可作为产妇、病人、老人及婴幼儿滋补膳食，是发展有机优质稻的理想区域。

2. 发展潜力好

优质有机稻米符合人们的消费需求。随着人们生活水平的不断提高，吃少、吃好、吃有机产品成为消费主流，优质有机大米越来越受消费者青睐，生产加工有机优质稻米，是市场的需要。

3. 品种资源优势

1996 年育成了具有自主知识产权和地方特色的优质水稻品种锡利贡米、锡贡 6 号，分别于 2003 年 7 月、2006 年 6 月通过贵州省农作物品种审定委员会审定，获准推广种植。锡利贡米 2013 年 2 月 21 日被国家市场监督检验检疫总局登记为国家地理标志保护产品。

4. 建立良种繁育体系

每年在原种圃中选取典型优良单株（穗）（通过初选、复选、决选、综合性状考察），成熟后将综合性状与原品种一致的各单株（穗）分别编号、脱粒、干燥、袋装、收藏。翌年进入株行圃，选取株行区种子混收、脱粒、储存（二圃制），作为原原种供原种圃用于繁殖原种。原种扩繁大田生产用种。种子质量的关键提纯复壮与繁殖，保证种子纯度的关键是要做好原种提纯、繁种保纯、经营管理保纯等。提纯复壮方法主要包括选择单株、株行（系）鉴定、群体繁殖，形成三级良种繁育提纯复壮法质量保证技术体系。

二、生产单元环境状况

（一）产地环境

有机水稻生产基地远离城区、工矿区、交通主干线、工业污染源、生活垃圾场等。基地的环境质量符合国家相关标准要求。产地周边 5 km 以内无污染源，上年度和前茬作物均未施用化学合成物质；稻农技术好，自觉性高；土壤具有较好的保水保肥能力；土壤有机质含量 2.5% 以上，pH 值 5.5~6.5；光照充足，旱涝保收。稻田灌溉水源为森林集雨山泉水，水源充足、水质纯净、渠系配套，并且是分水后第一灌溉区，在灌区上游没有工业区和其他污染源。

（二）育　苗

1. 品种选择

必须选择经过连续两年有机栽培并通过穗选获得的有机稻种。选择抗逆性强、抗病虫性强、熟期适中的、适口性好的优质品种。禁止使用转基因种子。

2. 种子处理

盘育秧每公顷用芽籽 45 kg。晴天中午晒种 2~3 天，可杀菌并提高种子活力。用黄泥水选种，即 50 kg 水加 10 kg 过筛黄泥搅拌成浆（放入新鲜鸡蛋能漂浮即可），放入稻种，去除秕粒，捞出好籽清洗一遍。常规浸种催芽，常温水浸种 2~3 天，捞出放在 30℃ 条件下破胸，80% 种子露白时，降至 25℃ 催芽，芽出齐后散温凉芽 4~6 h 即可播种。温汤浸种催芽，将种子放入恒定的 53℃ 水中提温 0.5 h（可提高种子活力和杀菌），然后进行常规催芽。

3. 置床处理及播种

选择不受污染的河淤土或山根腐殖土作盘土，去除杂草，破碎过细筛。置床翻深 10~15 cm，清除杂草，打碎坷垃，整平压实，碎土块搂至四周。盘土配制，选择猪粪、羊粪和牛粪的混合腐熟农家肥（农家肥腐熟可杀死杂草种子、虫卵及病菌），农家肥与床土比例是 1：（5~10），破碎过细筛（6~8 mm）；将食用白醋用水稀释为 pH 值为 3 左右的酸化水，用稀释的酸化水浇拌盘土，使盘土 pH 值达到 4.5~5.5。先将置床浇透水，待水渗下后，置床上摆盘，盘盘紧靠，装满盘土，浇透清水即可。

气温稳定通过 8~10℃即可播种（4 月 20—25 日）。盘育苗每盘播芽籽
100 g，轻压种子三面入土后覆土，再将地膜覆上压牢。

4. 苗床管理

出苗前，棚内保持 20~28℃温度。秧苗出齐，顶膜立针时，及时撤掉
地膜。床土发白变干时要及时浇水，浇水时间为早揭膜后和晚扣膜前。随
气温增高和通风口加大，增加补水，每次浇透，切忌大水漫灌。结合浇水
使用 2~3 次酸化水（pH 值为 5 左右，食用白醋稀释的酸化水），保持盘
土的酸性，利于育壮苗抗病。出苗撤膜后，白天晴朗高温时，开始通风炼
苗；1.5 叶前小通风，即两端和背风面通风；1.5~2.5 叶期，两侧适当通
风；2.5 叶后加大通风，使棚内温度保持在 25℃左右，日均气温稳定在
12℃以上时，昼夜通风炼苗，并逐步揭膜，防止失水造成青枯死苗。苗期
结合浇水追施农家肥浸出液 1~3 次。结合苗期管理进行 1~3 次人工除草。

（三）整地施肥除草插秧

1. 整地施肥除草

采用机械旱整地，高低差小于 10 cm，旱耙前每公顷施优质农家肥
30~45 t（不含鸡粪）。插秧前 12~15 天，进行第一次浅水泡田，晒田提
温促进杂草萌发；5~7 天杂草出芽后，进行第二次泡田，水耙地除草；
然后排水保持田间湿润状态，继续促进杂草萌发，插秧前 1~2 天进行第
三次泡田和第二次水耙地。

2. 插　秧

终霜期过后，平均气温 13℃以上、秧龄 30 天左右、秧苗 4.5 叶即可
插秧。机插行穴距 27 cm×20 cm，每穴 2 株谷秧，每公顷植 18 万穴左右；
手插行穴距与机插相同。机插深度 2~3cm，深浅一致，行直穴匀，人工
补苗，及时扶立倒苗；手插拉线插秧，插深以灌水不漂秧为准。

（四）水稻田管理

1. 水层管理

采用"两浅""两深""一间歇"的节水灌溉法。插秧至返青结束，
浅灌 3~5 cm，插后灌水时间保持花达水半天再灌水。有效分蘖期，浅水
促蘖，浅灌 3~5 cm。有效分蘖期末，灌 10~15 cm 深水控蘖。拔节孕
穗期至抽穗扬花期，深水 5~10 cm 灌溉。灌浆蜡熟期，间歇灌水。蜡熟
末期撤水。

2. 追 肥

追拔节肥、穗粒肥各 1 次，总量每公顷 7 500～15 000 kg（不含鸡粪）。

3. 病虫害防治

大型害虫采用杀虫灯诱杀，小型害虫采用黄板诱杀。采用稻鸭共育、稻鱼共育、稻蟹共育防治病虫害。农家肥追施过程中及时补充土壤中的硅（草木灰及炉渣），可有效预防稻瘟病、细菌性褐斑病及胡麻斑等病害。

4. 杂草防除

插秧后秧苗挺直时，每公顷覆盖 4 500～7 500 kg 稻壳，并进行淹水处理，或在行间覆盖稻草压草。稻鸭共育除草，插秧返青后，每公顷投放雏鸭 180～225 只，将孵化 10 天左右的雏鸭放入稻田，时间在晴天上午 9—10 时。鸭子初放的 1 周，须精心管理，每天早晚各喂食 1 次，饲料以玉米拌菜为主，食量每天每只 50 g 左右，之后逐步减少至停喂。稻鸭共育约 50 天，水稻抽穗后收回鸭子。同时，结合田间管理进行人工除草，要清除稗草。

（五）收获、脱粒、加工、包装、运输及储藏

收获：收获前将田间倒伏、感病虫害的植株淘汰，防止霉变与虫食稻谷混入。在水稻完熟期，90% 稻粒变黄时收割，分品种实行单收、单晒、单脱、单加工。

脱粒：脱粒机进行脱粒，脱粒后在清洁的专用场地上自然晒干至含水率 14% 以下。

加工：按照有机稻米加工操作规程进行统一加工，禁止使用添加剂。

包装：用符合有机食品标准的包装袋包装。

运输：用专用工具运输，运输工具应清洁、干燥，有防雨设施及有机食品专用标识，严禁与有毒、有害、有腐蚀性、有异味的物品混运。

储藏：在避光、常温、干燥和有防潮设施的仓库妥善保管储藏，仓库应清洁、干燥、通风，无虫害和鼠害，有明显有机食品标识，严禁与有毒、有害、有腐蚀性、易发霉发潮、有异味的物品混放，严禁使用化学物质防虫、防鼠和防霉变，杜绝二次污染。有机稻米上市时，在包装物上须注明生产者的姓名、采收日期、重要的生产过程、产品优点及特点。

三、集成技术应用成效

（一）推行锡利贡米标准化生产技术，提高绿色化高效栽培技术覆盖率及群众满意度

在优质稻主产区内，推广地方特色稻品种锡利贡米，开展规范化种植、配方施肥、病虫害绿色防控等标准化生产技术推广，带动基地农民科学种田。对基地农户开展田间管理及绿色防控技术培训，实现绿色化水稻生产，使绿色化高效栽培技术覆盖率达 95.6%，群众满意度达 95.0%。

（二）产品通过质量管理体系认证和质量检测

通过 ISO9001 质量管理体系认证，确保了产品质量的稳定性；粒粒香公司生产的锡利贡米符合 GB/T 1354《大米》、GB 2762《食品安全国家标准　食品中污染物限量》、GB 2763《食品安全国家标准　食品中农药最大残留限量标准》质量检测要求。

（三）实施订单生产，实现"公司+基地+农户"互惠互利全新运作模式

项目全部实行订单生产，优质优价，以农户自愿交售为原则，按订单完成生产任务。

（四）推广有机生产技术

在有机水稻主产区内，推广锡利贡米有机生产技术，实施有机水稻全产业链生产，开展技术指导，带动农民科学种田。

（五）开展认证工作，取得显著效益

1. 水稻加工全程标准化并取得认证

制定内控标准《大米加工规程》，大米加工引进先进的瑞士布勒大米加工流水线，实行封闭的工厂化作业方式，为提高管理水平，保证产品质量，保护消费者权益，引用了国际上先进的管理模式，并通过 ISO9001 质量管理体系认证，确保了产品质量的稳定。

2. 有机认证

2014 年以来至今已连续 9 年获有机产品认证。

3. 效益显著

（1）经济效益显著。2022 年，粒粒香公司 36.87 hm² 有机水稻平均单产

4 800 kg/hm²，普通水稻平均单产 6 750 kg/hm²，有机稻谷价格 10 元/kg，普通稻谷价格 3.2 元/kg；普通水稻每公顷生产成本 12 000 元，有机水稻每公顷生产成本 18 000 元；普通水稻每公顷利润 9 600 元，有机水稻每公顷利润 30 000 元，有机水稻每公顷增收 20 400 元，36.87 hm² 有机水稻增收 75.21 万元。

（2）社会效益良好。通过有机水稻示范区和示范基地建设，起到了示范和带动作用，对全县稻农产生了极大的影响，增强了有机水稻种植的积极性，促进了水稻生产增值增效，有效地增加了农民收入，促进了农村社会稳定，推动了种植业结构的调整。同时，通过生产、原粮收购、加工、包装、销售的一条龙服务，促进榕江县优质稻产业化经营的发展；项目实施提供了就业岗位 32 个，缓解了社会就业压力；带动了当地包装业、运输业等行业的发展。促进了水稻生产配套技术的应用，提高了农民的科学种田水平和科学文化素质。

（3）生态效益提升。通过秸秆还田技术应用和有机肥料投入，有效地改善了土壤理化性状，培肥了地力，增加了土壤有机质含量，为农业可持续发展提供了良好的基础条件。对改良土壤、培肥地力、保护人民身体健康、保护生态环境都起到重要的作用。

四、主要经验

（一）有机优质稻生产以促进农民增收和企业创利为目的

稻谷收购要根据市场情况，确定农民和企业双方均满意的收购价，这样基地建设工作才能迅速展开。

（二）依据有机稻米相关标准开展生产

依据有机稻米相关标准统一指导、统一管理，提高综合配套技术的应用率，提高单产水平，确保稻谷的质量。

（三）产品销售是关键

只有产品被消费者接受，提高市场占有率，才能实现基地生产规模的扩大，带动广大农户增收。

（四）推进稻米生产的优质化

要实现有机稻米生产的优质化首先就要实现种子的优质化，因此，粒粒香公司把品种提纯与改良作为有机优质稻产业的突破口来抓。成立有机稻种植农民专业合作社，加强对有机稻种植的推广力度和技术指导。坚持优质优价原则，运用价格杠杆引导农民大力发展有机稻。建立与有机稻生产规模相匹配的种子育繁推广体系，包括品种选育、质量检测、仓储、加工、包装等，为优质稻产业服务。

（五）用社会化生产方式抓生产，建设有机稻生产基地，实现有机稻米生产经营订单化

一方面，以提高稻米标准化生产为目标，加强有机稻基地建设。按照区域化布局、专业化生产、规模化经营的要求，实行单品种集中连片种植，防止品种杂乱。重点建设有机优质稻生产示范基地，配套建设有机稻米良种选育基地。基地生产实现五个统一，即"统一供种，合理布局；统一供应肥料；统一病虫草鼠系统防控；统一生产操作规程；统一收购有机稻谷加工"，为基地农民提供优质的产前、产后服务，确保基地有机稻生产的优质、高产、高效。

另一方面，按照"规范、完善、有序"的原则，坚持把推行"订单生产"作为发展有机稻米产业的重要措施，努力实现有机稻生产基本订单化的目标。建立一个有规模、有特色的高度专业化、优质化的大型有机稻基地以及健全的储藏流通体系。

（六）加大品牌建设与市场开发力度

在市场开发方面，企业要加强品牌建设，加大市场开发力度，形成稳定的销售市场。

五、发展建议

通过产学研合作，充分发挥科研单位与企业的技术优势和生产能力，进行优势互补。围绕发展目标，对核心技术进行中试、转化、示范和生产推广，推动有机稻米产业化发展模式。

1. 强化政策指导，构建产学研深度融合发展新格局

推进产学研深度融合体制机制创新，进一步强化政策、资金等保障，构建产学研深度融合发展新格局。

2. 鼓励企业、高校、科研机构、金融机构等联合组建产学研深度融合联合体

落实企业在产学研深度融合联合体的主体地位与主导作用，引导企业

特别是民营高科技企业，牵头推进产学研深度融合；支持高校、科研机构就技术创新、民用科技、高端装备等与企业展开深入研究并实现成果转化，尽快突破相关领域关键核心技术研究；同时，出台促进产学研深度融合联合体发展的相关政策，解决技术研发、项目合作、产业研究、投融资等问题。

3. 支持产学研深度融合向应用基础研究领域延伸

依托高校、科研机构作为应用基础研究主体，建立行业领军企业牵头、相关企业参与的应用基础研究产业联盟或研发中心，向应用基础研究领域延伸或拓展，积极探索研究成果转化应用模式。粒粒香公司将不断与贵州大学、贵州省农业科学院水稻研究所在有机稻米规模化、标准化、产业化方面加强产学研深度合作，以期通过转型升级取得更大成效。

4. 实现产学研深度融合的人才流动培养机制

引导企业、高校、科研机构、技术推广机构之间人才有序流动的措施落地。相关高校、科研机构和技术推广机构应向社会或企业提供客座研究员、兼职专业职位的聘任，同时，其专业人员可去企业挂职技术顾问或科技特派员，形成在产学研合作上的人才交流与培养机制，让研学机构更了解有机稻米的生产实际，也让生产企业更了解前沿技术成果，以促进科技成果进生产企业，实践成果进研学机构的"双赢"目标。

（编写人：马武葳　马显康　卢明和）

湖南省吉娃米业有限公司（湖南模式）——创新

运用关键技术　促进品质品牌提升

一、企业概况

湖南省吉娃米业有限公司（以下简称吉娃米业）成立于 2008 年，占地逾 2.8 万 m^2。下设湖南军粮吉娃粮油科技有限公司、湖南吉娃电子商务有限公司，是一家集粮食种植、收购、储备、加工、销售、物流配送和电子商务于一体的综合性农业产业化省级龙头企业。

吉娃米业地处洞庭湖腹地华容县鲇鱼须镇现代粮食产业园，拥有水稻种植基地 470 hm^2，位于为东经 112°18′31″~113°1′32″，北纬 29°10′18″~29°48′27″，属于北亚热带，为湿润性大陆季风气候。基地南临藕池河，北靠长江。这里地势平坦，气候温和，四季分明，热量充足，雨水集中，春暖多变，夏秋多旱，严寒期短，暑热期长。常年降水量为 1 289.8 mm，历年日平均气温 16.8℃，年均日照时数为 1 722.3 h，土壤 pH 值 7.92。气候和土壤条件非常适合种植水稻。吉娃米业优质稻订单面积逾 5 300 hm^2。

吉娃米业于 2017 年开始推行稻鸭共作技术，开展有机稻种植，先后投入 2 100 多万元，配备各种农业机械 38 台（套），建设高标准农田，硬化路面，完善排灌设施，修建育秧工厂；投入 2 000 多万元购置安装了 5G 智能加工生产线，自主研发生物质颗粒压缩技术，并投入 1 000 多万元，安装了生物质颗粒加工生产线；投资 1 100 万元建成 2 条谷物烘干线，固定资产达 7 000 万元。吉娃米业是国家高新技术企业、全国军粮统筹加工定点供应单位、全国放心粮油加工示范企业、中国好粮油行动示范企业、中国米业质量信用 AAA 级企业、湖南省级农业产业化龙头企业、湖南省专精特新"小巨人"企业、湖南省放心粮油示范企业、湖南省粮食安全宣传教育基地、华中地区（湖南）粮油食品国防动员成员单位，同时，也是 2022 年粮食进口关税配额"一般贸易"业务成员单位、华容县大米行业协会会长单位。该公司于 2022 年 9 月在湖南股权交易所"专精特新"专板挂牌，股权代码 000099HN。

"吉娃"有机稻于 2021 年通过北京五洲恒通认证有限公司有机稻认证，种植面积 67 hm²，年产"吉娃"有机稻 400 t。吉娃米业拥有"吉娃 湖田""湘猫牙""乡嘉乐""二阿哥""祥太米行""新吉娃""吉娃""吉娃宝宝"8 个大米知名品牌。产品口感柔韧、香润弹牙、绿色安全、营养健康，深受消费者喜爱，产品荣获"中国好粮油产品""湖南好粮油产品"等荣誉，第一批获准使用"华容稻""岳阳大米""洞庭香米"湖南省区域公用品牌，并且是"岳阳市名牌产品"。"吉娃 湖田"系列产品，先后参加中国国际进口博览会、中国国际农产品交易会、中国粮食交易大会、中国国际电子商务博览会、"一乡一品"博览会、湖南贫困地区优质农产品（北京）产销对接会、中国（中部）湖南农业博览会等，并于 2019 年、2020 年、2021 年连续三届获"中国国际餐饮博览会粮油明星品牌金奖"。

二、有机稻米生产优势

吉娃米业坚持诚信经营、创新驱动、绿色发展，形成了"六化"发展特色，为乡村振兴、产业振兴、农民致富作出了积极贡献。

（一）种植规模化

吉娃米业采取"企业+基地+家庭农场+合作社+农户"的模式，在华容县 10 个乡镇发展多品种优质水稻基地逾 5 300 hm²，种植农户达 1 万多人，与农户结成利益共同体，实现了规模化种植，为提升稻米品质和农民增收提供了有力保障。

（二）加工现代化

2020—2022 年，吉娃米业新引进烘干稻谷生产线（产能 520 t/天）2 条，生物质颗粒生产线（产能 450 t/月）1 条，大米 5G 智能普米、精米加工生产线（产能 420 t/天）2 条，年加工能力达 12 万 t，仓储能力 5 万 t，推进智能制造+互联网融合创新，实现了基地种植、生产、管理、仓储、销售全过程网络化、数字化、智能化迭代升级，已从传统粮食企业向现代化粮食企业转型升级。

（三）服务社会化

先后购置耕、播、植、收等农业机械 38 台，总动力 900 kW 以上，全年可为农户开展机耕、机播、机收、烘干、飞防等社会服务 1 330 hm² 以上，常年为农民提供谷物烘干服务超过 3 万 t。

（四）扶贫常态化

脱贫攻坚以来，吉娃米业先后在华容县鲇鱼须镇太平村、高山村、麦地村、宋市村、旗杆村、松树村等 10 个村开展产业扶贫，带贫帮扶惠农 1 015 人，并开展跟踪服务，帮助农民增收致富，进一步巩固脱贫成果。

（五）科技创新系统化

吉娃米业将科研融入种植、加工、储存和销售全过程。一是推广稻鸭共作技术。利用鸭子吃杂草、吃害虫的特性，防治草害、虫害，鸭子粪便作为有机肥提升耕地地力。2020—2022 年，每年推广稻鸭共作技术模式近 800 hm²，每公顷节约成本近 3 000 元。二是 5G 智能化生产加工。对砻谷、碾米、色选、检测、远程智能控制等多个环节进行设备高效配置，整个生产加工工艺设备 5G 智能化，产品整精米率提升 4%，破碎率下降 5.95%，能耗成本降低 5% 以上。同时，在仓储上运用微波杀虫技术，通过建立大米低温脉冲微波在线无损杀虫工艺，极大地提升了大米品质及储存时长。三是秸秆综合利用。运用生物质颗粒压缩技术，利用稻草、棉秆、油菜秆等秸秆，以及稻壳加工成生物颗粒燃料，年产量在 5 500 t 左右。通过技术改良，用生物质颗粒代替烟煤，改善燃料在干燥机热风炉内的燃烧状态，达到了起火快、升温快、燃烧快、谷物干燥快的效果。干燥后的谷物破碎率低，出米率高，米质好。改良后的干燥技术于 2017 年向国家知识产权局申报，获得了发明专利证书。秸秆的综合利用，既解决了田间秸秆焚烧导致的污染问题，又能够将农村的废弃资源转换为商品能源，提高农业效益，每年为公司节省烘干燃料费用近 300 万元。四是注重技术创新。目前吉娃米业已拥有外观专利 1 项、实用新型专利 3 项、发明专利 13 项。2022 年 9 月"湖南省吉娃米业生态优质稻研究科技创新人才团队"入选岳阳市科技局创新人才团队。

（六）品牌战略化

吉娃米业拥有"吉娃"系列知名品牌 8 个，企业已通过 ISO9001 国际质量管理体系认证、有机食品认证，成为第一批获准使用"洞庭香米"等湖南省区域公用品牌的企业，产品获得多项荣誉称号。2020—2022 年，中央电视台财经频道、湖南卫视、湖南日报、人民日报、光明日报、红网时刻等多家媒体报道了吉娃米业，公司信誉和知名度不断提升。

三、有机水稻生产主要技术特征

吉娃米业生态优质稻研究科技创新人才团队在有机稻种植、谷物烘干、智能加工、保质延期和秸秆综合利用等环节加大科研力度，在关键技术运用上实现了突破，其中稻鸭共作技术、5G 智能加工技术和高功率微波大米杀虫技术，为有机大米品牌的打造提供了有力的支撑和保障。

（一）积极推行稻鸭共作技术，从源头上保证大米品质，美化乡村环境

2017 年开始，吉娃米业积极探索推广稻鸭共作技术，推动有机稻的生产与发展，通过有机稻认证面积 67 hm^2。

1. 生态功能

稻鸭共作技术是一项种养结合、降本增效的生态农业技术，与我国传统稻田养鸭的最大区别在于改鸭子散养为围养，改白天放养为昼夜放养。将雏鸭放入稻田后，直到水稻抽穗为止，鸭子一直生活在稻田里。稻田可以为鸭子提供安全可靠的自然生存环境以及充足的水源、丰富的食物。鸭子则昼夜活动于稻田中，除草除虫、浑水松土、排泄施肥，水稻整个生长过程不打农药、不施化肥，形成了鸭子与水稻相互依存，相互促进、共同生长的生态共同体。

（1）除草效果好。鸭喜欢吃禾本科以外的植物和水面浮生杂草，再加上田间活动产生的浑水控草作用，表现出较好的除草效果。

（2）除虫防病效果好。鸭喜欢吃昆虫和水生小动物，能消灭稻飞虱、稻叶蝉、稻蟓甲、福寿螺等，同时能切断病害寄生或传播途径，改善通风透光条件，控制水稻纹枯病发生。

（3）增肥效果好。鸭粪是养分丰富的有机肥，能够有效地培肥土壤。1 只鸭排泄在稻田中的粪便约为 10 kg，相当于氮 47 g、磷 70 g、钾 31 g。

（4）中耕浑水效果好。鸭在稻田不停地游动，增加水中的溶氧量，疏松了表层土壤，促进水稻强根和壮蘖形成，刺激水稻生长，增强水稻抗性。

（5）省工节本效果好。水稻栽插实行稀植，节约稻种，稻作生产过程中又省去施肥、除草、用药等过程，节约了人工成本，同时又节省养鸭饲料。

2. 技术规范

（1）水田要求。集中连片、水源充足、灌溉方便且丘块平整，以利围网操作。

（2）田埂要求。为适应稻田养鸭的要求，须将田埂适当加高，可在水稻栽插前做成高 20~30 cm、宽 60~80 cm 的田埂。加高加固田埂有利于稻田储水、灌水，保持田面有一定深度的水层，发挥役鸭的中耕、除草、刺激、浑水效果。

（3）稻种要求。生育期宜 140 天左右、保证可共作时间 80~90 天、株高 120 cm 左右、株型紧凑、茎秆粗壮、分蘖力强、抗性强、品质优、成穗率高的大穗型水稻品种，有利于鸭在稻田间活动。

（4）育秧管理要求。吉娃米业育秧工厂面积逾 5 000 m²。可辐射面积逾 200 hm²。育秧过程中主要做好控温、控水、施肥等工作，保证秧苗正常生产。

（5）棚舍要求。鸭子初放入稻田时仅生有绒毛，还不能长时间待在水中，同时，为避免强光直射和暴雨袭击，须在稻池边的空地上盖一个小型鸭棚，每 10 只鸭需要 1 m² 的空间，而且为预防鸭睡在地上得病，棚底须铺设木板等，棚四周和顶部用塑料布封严，防止棚舍进雨。

（6）围栏要求。在稻田四周设置围栏，围栏通常用铁丝网围成，围栏每隔 2 m 插小竹竿支撑，围孔以 1~2 cm 宽为宜，网高 60~80 cm，对田块进行分隔，一能防止鸭子离开稻田，确保共作的效果，二能防御天敌，保护鸭子。

（7）水稻栽插方式及配套农机要求。稻鸭共作的稀植要求与保持水稻高产稳产的栽插密度之间有一定的关系，做到基本苗、插深指标量化，插秧机行距固定为 30 cm，株距根据中稻、晚稻品种调整，保证每公顷有 21 万~27 万穴的栽秧密度，通过调节横向移动手柄与纵向送秧调节手柄使每公顷基本苗数达 75 万~120 万株，通过手柄调整秧苗栽插深度。

（8）鸭苗选择与田间管理。①鸭种选择：生育期 90 天可以出成品的本地土鸭，抗病性强，田间生长快，肉质鲜嫩，口感较好，存活率高，成鸭重量为 2 kg 左右。②孵鸭时间：插秧后水稻活棵即可放入苗鸭，苗鸭一般为 10~15 天的雏鸭，即在确定放鸭日期后向前倒推 35 天即可孵化种蛋。③雏鸭驯水：孵化出壳后 7~10 天就可驯水，早驯水、驯好水，达到在水中运动嬉戏活泼自如、水不沾毛的程度，以便将雏鸭尽早顺利放入稻田，驯水池的水要清洁，并掌握适宜的温度，合理分群饲养，建立良好的人鸭关系，搞好清洁卫生，保持鸭舍干燥。④放鸭时间：插秧缓苗后即可放鸭，但放鸭时间不要过早，水稻栽插后 7～10 天（即返青后）杂草第一萌发高峰期放入鸭子，最迟不超过 10 天，将孵化 10～15 天的雏鸭（雌雄混合）放入稻田，控草效果较好。⑤放养密度：一般为 120～180 只/hm²，密度过大则须补给饲料，过小则会造成稻田饲料资源的浪费，达不到最佳的除草、除虫效果，鸭群控制在 40 只左右，在面积 0.2～0.3 hm² 区域设置围栏，隔离鸭群，使鸭子能到达围栏内各个角落，放鸭时雄鸭和雌鸭的比例为 1∶4。⑥田间喂养：役鸭放入稻田后，为充分发挥其除草、除虫、松土、施肥和刺激水稻生长的作用，原则上以自由采食为主，鸭放入稻田后，前 3 周内每天补给雏鸭饲料 1～2 次，3 周后视其情况每日或隔日补给一些成鸭配合饲料。⑦收鸭时间：出穗后灌浆初期收鸭，防止鸭吃稻穗，损失粮食产量，鸭在稻田生长时间约为 85 天，成鸭体重一般为 1.5～2 kg。

（9）施肥要求。秸秆还田和有机肥基肥照常施用，针对人工插秧、机插秧两种不同插秧方式，分别确认施分蘖肥和穗肥的时间与用量，确保满足稻谷生长所需。

（10）生物农药使用要求。鸭子在稻田期间原则上不用生物农药防治病虫害，后期零星稗草人工拔除。在虫情特别严重时，可适量使用生物农药。

3. 收益对比

如表 1 和表 2 所示，传统水稻的收益为 12 975 元/hm²，稻鸭共作的收益为 20 850 元/hm²，稻鸭共作的收益比传统水稻增加 7 875 元/hm²，同时，稻鸭共作所有产品都已先期签订收购合同。

表 1　传统水稻与稻鸭共作投入成本对比

项目	费用（元/hm²）	
	传统耕作	稻鸭共作
播种	600	1 800
农药、飞防	1 650	750
肥料	1 500	750

（续表）

项目	费用（元/hm²）	
	传统耕作	稻鸭共作
除草	600	5 250
种子	1 500	600
犁地	1 500	1 500
收割	1 200	1 200
水电	750	750
合计	9 300	12 600

注：稻鸭共作种子与农业生产资料成本会逐渐下降，围栏可重复使用，因此后期综合成本会下降。

表2　传统水稻与稻鸭共作产出对比

传统				稻鸭共作			
产品	价格（元/kg）	产量（kg/hm²）	产值（元/hm²）	产品	价格（元/kg）	产量（kg/hm²）	产值（元/hm²）
稻谷	2.7	8 250	22 275	稻谷	3.6	6 375	22 950
				鸭子	35	300	10 500
合计			22 275	合计			33 450

4. 主要问题

（1）鸭种的问题。稻鸭共作技术强调的是水稻和鸭子两者要共生共长、互惠互利。与普通养鸭不同，稻田养鸭受自然因素的影响大，因此，放养品种受稻田养鸭特点的限制。一是要选择抗病力强、适应性广的品种；二是要选择耐水性好、行动灵敏、浑水效果好的品种；三是要选择野食能力强，除虫、除草能力强的品种。

（2）市场销量的问题。有机稻是一种对生长环境要求严、种植标准高的产品，它品质好，在消费群体中的认同度高，但种植成本居高不下，销售价格贵，消费者购买量偏少，直接影响了有机稻的推广与生产。

（3）种植习惯转变的问题。传统种植技术简单，土地利用率不高，稻米品质也不够好。稻鸭共作技术具有经济效益好、土地利用率高、风险可控等特点，但是农户固有的种植思维与模式使得该技术在农村难以推广。

（二）积极推行5G智能加工技术，实现企业生产的标准化和智能化，保证大米加工减损增效

吉娃米业于2020年研发出了国内最先进的5G智能加工生产线，实现了传统加工向智能化加工的转变。

1. 5G智能加工生产线的加工工艺

主要是针对砻谷、碾米、色选、检测、远程智能控制等几个环节采用高效、节能、减损、增效的高科技"万物互联"设备，优化加工环节，配备智能检测、加工过程远程智能控制系统。主要做法使生产线上传统设备之间、智能设备之间、原有传统设备与新增的智能控制器之间、工艺检测系统与智能控制器之间、传感系统与控制执行系统之间以及所有节点与控制平台之间的通信互联互通，使整个加工过程"万物互联"，达到减损增效的目标。

2. 5G智能生产技术的主要设备及技术

（1）变频智能砻谷机。变频智能砻谷机取消了传统砻谷机的变速箱，快慢辊采用双电机变频驱动，通过触摸屏人机界面对话，智能操作，无须人工定时对换快慢辊，胶辊之间始终保持恒定的速差，保持稳定的脱壳效率，以实现全自动控制砻谷机工作。

（2）全自动碾米机。碾米机一直是稻米加工核心设备，新型全自动碾米机采用自动调控技术，碾米过程参数（流量、电机负荷）可记忆，便于迅速调节，解决了传统设备均以操作人员经验感官为主进行调节，极易造成碾磨不足或过碾的问题。同时，碾米机还可通过在线白度检测作为碾米调节信号，实现碾米自动化控制，精确碾磨，同时这些信息可以与集中控制室互联互通，实现远程控制。

（3）红外色选机。①AI智能分选：一键智能、智慧仿真、实时在线跟踪、极致操作。②除尘防破碎：采用入料防护+软着陆及缓冲装置，清灰不往返，深度减少米类物料破碎，清灰不停机，灰尘自适应清理。③质形合一：质心、形心坐标算法，物料十字定位。④高精图像处理系统：成像与识别系统巧妙组合，多光谱共焦，对各类颜色、形状、纹理等特征进行放大和全面识别，以最简洁的系统实现最丰富的功能。⑤均衡供料：自适应料位流速系统，振动器均衡流量，保证分选效果，提高色选产量。⑥超合金高频电磁阀：国家专利，高频低耗，耐磨耐高温超合金，终身匹

配。⑦中科大数据：云端存储，海量数据库，广泛米类物料解决方案，智慧备份，一机多选。⑧云端卫士：远程调试，远程操作，远程诊断。⑨智能品控：实时统计米类物料产量以及含黄率、异色率、破碎率等，并支持历史数据查询。

（4）智能化、可视化检测设备。传统大米指标检测全部为化验员人工检测，具有劳动强度大、作业易疲劳、感官判定差异大的缺点。而可视化的检验设备，通过光电成像可细致辨识米粒长度、颜色，快速检测碎米、异色、腹白等物理指标，既提高了效率，又保证了大米的品质，还降低了损耗。该设备可以在线检测，与碾米、抛光配合使用，实现自动化控制。

（5）整个加工过程智能化、信息化管理。整个加工过程达到"万物互联"效果，当智能工厂需要联入远程云智能大米平台时，可通过边界节点网关并运用区块链技术与远程操作终端通信。

3. 5G 智能生产加工成效

（1）提高产品出米率。生产加工设备智能化，实现口粮适度加工，加工环节全程智能控制，有效掌控各个环节加工进程，让所有原粮得到有效加工，大米的出米率提升4%。

（2）提高产品营养价值。根据原粮品种的品质属性，实行口粮适度加工，力争粮食加工零损耗。通过对砻谷、碾米、色选、检测、远程智能控制等几个环节进行设备高效配置，实行"微米"级的稻米精准加工，最大限度地保留大米中的营养与美味，加工成营养丰富的留层米、胚芽米、留皮米等不同产品。

（3）降低大米破碎率。生产加工设备智能化，稻谷在加工各个环节中的破碎率总体下降5.95%。

（4）降低加工成本。大米加工过程实现数字化、智能化、标准化，优化了资源，降低了能耗，每年能节约5%的加工成本。

（三）积极推行高功率微波大米杀虫技术，提升了大米品质，延长了大米储存时间

1. 背 景

防控大米（特别是有机大米）中的害虫不能采用有毒性的化学农药。目前比较常用的方法有低温储藏、抽真空包装等，但都存在使用成本高昂、抑制害虫时间短、不能彻底杀灭虫卵等问题。

2. 技术引进

2020年，吉娃米业参与由国家粮食和物资储备局主导的"科技助力经济2020"重点专项——成品粮应急储备绿色保质保险关键技术与装备开发实验项目。2022年7月，引进了该项目实施主体湖南省粮油检测中心和湖南省隆泰环保能源科技有限公司合作开发的一套高功率微波大米杀虫设备，综合利用脉冲微波的非热效应和热效应，在不破坏大米品质的作用时间和作用温度内，将大米携带的虫卵杀死。

3. 测　试

在规模化应用前，吉娃米业司开展了杀虫卵效果测试和大米质量测试。

（1）主要仪器与设备。ST-30-V型高功率微波大米杀虫设备，湖南隆泰环保能源科技有限公司生产，处理量为2 t/h。

（2）供试大米。供试大米基本信息如表3所示。

表3　供试大米基本信息

品名	规格（kg/包）	性质	食味值（分）	稻谷收获年份	大米生产年份
吉娃贡米	5	有机稻	81	2021	2022
吉娃湖田米	10	有机稻	86	2021	2022
湘猫牙米	5	有机稻	82	2021	2022

（3）试验方法。将吉娃贡米、吉娃湖田米和湘猫牙米3种不同品种的有机大米经高功率微波杀虫设备处理。在生产线上随机扦取每种大米样品10份，每份样品1 kg，其中5份样品用于杀虫卵效果评价处理组，余下5份样品用于品质检测处理组。同时，扦取该种大米未进入高功率微波杀虫设备前的样品10份，每份样品1 kg，其中5份样品用于杀虫卵效果评价对照组，余下5份样品用于品质检测对照组。

（4）测试结果。经测试，3种有机大米害虫子代种群抑制率均达100%，表明高功率微波大米杀虫设备杀虫效果良好。3种大米的质量指标：水分降低≤0.1%，黄粒米增加≤0.1%，裂纹粒率增加≤4.65%，脂肪酸值降低≤0.1 mg/100g，食味值增加≤2分，碎米总量、垩白粒率两项指标无规律性变化。结果表明，水分、黄粒米和裂纹粒率存在负面影响，但负面影响效果小，属于可接受范围；脂肪酸值和食味值存在正面影响，正面影响效果小；碎米总量、垩白粒率两项指标无影响。因此，高功率微波大米杀虫设备推广在技术上是可行的。

4. 规模化应用

目前，该设备在吉娃米业大米生产线上已开始应用，主要针对有机米和高档大米，年应用规模达 2 万 t，提升了大米品质和储存时长。

四、经验总结

吉娃米业在有机稻生产上得以不断发展壮大，主要得益于以下 6 个方面。

（一）坚持党建领引

吉娃米业始终坚持党的领导，充分发挥党组织和党员的先锋模范作用，在乡村振兴、产业扶贫、防疫抗疫、防汛抗灾、社会救助、应急保供，文明创建中敢于担当、勇于奉献、积极作为，充分践行了"感恩党，听党话，跟党走"的初心。

（二）坚持绿色发展

吉娃米业采取"企业+基地+家庭农场+合作社+农户"的经营生产方式，普及优质稻，摸索实行稻鸭共作生产模式，推广有机稻种植，坚持走绿色生态发展之路。

（三）坚持诚信经营

诚信是立企之本，吉娃米业本着"农民为本、质量至上、诚信守实"原则，自成立以来从未发生一起失信事件，赢得了良好的口碑。

（四）坚持创新驱动

创新是企业发展源源不断的动力。吉娃米业始终坚持创新驱动，科技支撑，不断加大科技投入和研发力度，企业发展实力不断增强。

（五）坚持品牌强农

以现有软件、硬件条件为基础，围绕品牌建设，在品种选优、基地建设、产品质量管理、品牌包装设计、品牌宣传推荐和销售网络建设等方面下工夫，产品品牌效应不断彰显。

（六）坚持利益共享

一是推进订单生产与种植技术培训，确保农户增产增收。二是制订年度种植、加工和销售计划，确保联合体成员都得到实惠。三是开展特色经营，确保企业增效，职工增收，增强企业发展实力。

（编写人：龚文兵　罗元意　谢安）

芒市遮放贡米有限责任公司（云南模式）——高原盆地单季有机水稻生产技术集成应用

一、企业概况

芒市遮放贡米有限责任公司（以下简称遮放公司）成立于 2004 年，位于云南省德宏傣族景颇族自治州（以下简称德宏州），按照"公司+基地+科技+农户+合作社"的经营模式，从事遮放贡米的科研、种植、加工、销售和副产物的综合开发利用。经过近 20 年的精心打造，遮放贡米产业得以稳步发展。该公司建立了优质稻研发团队、院士工作站，同中国水稻研究所、云南农业大学稻作研究所、云南农业科学院优质水稻专家特派团、深圳华大基因研究院、德宏州农业科学研究所等科研院所建立了良好的合作关系，共同开展水稻新品种选育、提纯复壮及病虫害防治研究工作。该公司可存储水稻 3 万 t，日烘干水稻 120 t，日加工生产精米 120 t，年产遮放贡米酒 1 000 t。该公司以"高效农业、体验农业、休闲农业、智慧农业、创意农业和科技农业"为重点，积极探索"龙头企业+合作社+种养大户"的现代农业产业化联合体经营模式，创新利益链接机制，通过产业化订单、农业生产资料团购、科技培训、品牌共享等多元化的利益链接方式，充分发挥农业产业化国家重点龙头企业的引领作用，与芒市遮放贡米专业合作社、德宏华辰农业发展有限公司合作共同研发水稻种植、加工及副产物综合利用开发，建立"种植（水稻）→加工（精米、酿酒）→养殖（鱼、鸭、猪）→沼气→有机肥→种植（粮）"的生态农业循环经济模式，实现资源利用与环境保护的良性循环，带动农民增收、农业增效，实现一二三产融合发展。目前，该公司拥有员工 83 人，其中专业技术人员 32 人（研究员 1 人，高级农艺师 3 人，中级职称人员 4 人，初级职称人员 24 人），初步形成种养加一条龙、农工贸一体化、工业与农业互补的循环经济产业链。

遮放公司自成立以来，坚持"走质量兴企之路，树品牌信誉丰碑"的信念，不断挖掘遮放贡米"谷魂文化"，全力打造遮放贡米品牌，围绕有机、绿色、生态、食品安全理念全力发展遮放贡米产业，先后被评为农业产业化国家重点龙头企业、全国放心粮油进农村进社区示范工程示范加工企业、中国绿色食品加工示范企业、中国最美绿色食品生产企业、国家有机食品生产基地、中国十大大米公共区域品牌核心加工企业、云南省创新型试点企业、成长型中小企业、科技型中小企业等。经过艰苦创业，该公司通过了 ISO9001 质量管理体系认证，建立了 13 333 hm² 遮放贡米地理标志产品保护区，3 333 hm² 绿色食品基地，133 hm² 有机水稻基地，33 hm² 遮放贡米良种繁育、提纯复壮、古老品种保护性种植基地。

遮放公司生产的"遮放贡"牌遮放贡米，产自中缅边境小镇遮放。早在元明时期，遮放贡米就以其米饭香酥松软、热不黏稠、冷不回生的品质被奉为贡品。遮放公司传承千年农耕文化，精选世界株高最高的古老稻种"毫秕"繁育生产的系列产品，已通过有机产品、绿色食品以及地理标志产品认证，成为德宏州的一张名片，在云南省乃至全国已有了一定的名气，并获"云南六大名米""中国优佳好食味十大金奖有机大米""中国十大好吃米饭"等殊荣。

二、遮放贡米的历史渊源

芒市民间流传的"仓山雪，龙陵雨，芒市谷子遮放米"，说的就是芒市坝的谷子多，遮放坝的米饭好吃。芒市傣族先民是我国最早种植水稻的民族之一，很早就开始利用象耕和灌溉耕作技术。相传，古时傣家小伙岩佐拉将从山中采来的野生稻撒到大象滚过的泥塘里，经过多年驯化，长出了好吃的金穗。于是，人们学着岩佐拉筑堤造田，驯象耕田。当佛祖释迦牟尼修行为金鸡阿鸾云游四海时，看见遮放山清水秀，稻谷在田野里笑弯了腰，觉得还差一点佛堂香味，为了行善积德，他把口衔的一粒香谷撒向稻田，顿时，满坝的稻谷清香四溢。米粒大而长、色泽白如玉、香酥松软、黏而不腻、清香可口、冷不回生，这就是堪称一绝的遮放贡米。

时光流转，遮放香软米经过一次次蜕变，演绎出以"谷魂""毫秕""毫贡""毫文"为代表的遮放贡米农耕历史。"毫"为傣语，即对谷米的总称。"毫秕"专指敬献神佛的谷米；"毫贡"则指用来上缴朝廷的贡米；"毫文"指的是软米。遮放贡米文化的核心是"谷魂"。相传"谷魂"是当地傣族水稻驯化始祖岩佐拉与土司多思谭化身的结晶，其原意是"自然"和"本真"，代表着人们对 1 700 年边疆农耕文化的崇拜、传承和弘扬。每年春播、秋收，遮放坝都有民间自发的"谷魂"祭祀活动，已成为传承贡米文化、丰富旅游资源的亮点。

三、生产单元状况

(一) 地理区位优势

遮放镇位于芒市西南部，东与三台山乡、勐戛镇相连，南与芒海镇及友好邻邦缅甸接壤，北与西山乡交界，西与瑞丽市相通，既是芒市中心集镇之一，又是 320 国道出境线上的一个重要交通枢纽。遮放镇独特的区域优势、资源优势、热区优势和民族文化优势，形成了魅力四射的遮放优势，同时也造就了全国闻名、香飘万里的遮放贡米。这里自然景色秀丽，历史文化璀璨，民族风情淳朴，素有"贡米之乡"之美誉。遮放坝是"国家商品粮基地主产区"，也是德宏州粮经作物的主产区之一。

遮放贡米种植区域为海拔 1 100 m 以下稻作区，龙江（瑞丽江）、怒江两条大江以及芒市、轩岗两条大河流经境内，还有楠木冷等小河及溪流遍布稻作区，生态植被丰富，整个种植区自然生态环境条件良好。遮放镇最高海拔 2 889.1 m，最低海拔 528 m，耕作区域多为海拔 700~1 700 m，年均温度为 19~20℃，全年大于 10℃的有效积温为 7 170℃，大于 15℃的天数有 210 天，无霜期 300 天以上，年日照时数 2 000~2 452 h，年均降水量 1 654.6 mm，属典型南亚热带季风气候，热量丰富，气候温暖，夏无酷热，冬无严寒，无台风，雨量丰沛，立体气候明显。

有机水稻种植区土壤以冲积性水稻土为主，间有一定的沼泽土。土壤有机质含量为 2%~4%，pH 值为 6.8~7.3，土壤全氮含量为 0.4%~0.5%，速效磷平均含量为 5.3 mg/kg，速效钾含量为 40~70 mg/kg。土层深厚，肥力中等或中等偏上，适宜多种作物生长。南木冷河穿过有机水稻种植基地，形成山地、丘陵、盆地相间的地貌特征。遮放镇地形相对平缓，形成连片方格梯田，历来就是遮放贡米种植的适宜区。

(二) 社会经济优势

遮放镇总面积 30 133 hm²，耕地面积 10 046 hm²，园地面积 4 387 hm²，林地面积 14 913 hm²。遮放镇辖 13 个村委会、123 个自然村、123 个村民小组，主要居住着汉族、傣族、景颇族、傈僳族、德昂族等民族的人口。

（三）有机水稻基地建设基础扎实优势

遮放公司致力于打造有机、绿色食品标准化生产基地，充分利用遮放坝的环境资源优势，选取优质山泉水源头地块，按照有机水稻种植技术要求，定期对土壤、大气、水质进行抽样监测；与当地村民小组、种植大户沟通协调，采取休耕、防护、建立隔离带、净化水源、使用农家肥等方法，改善改良优质稻米生长环境；实行土地经营权流转，以市场为导向，引领合作社开展基地建设工作，建立有机水稻生产基地、遮放贡米种子繁育基地，按照统一标准、分片管理的模式在有机基地周边发展按有机种植技术标准生产的绿色食品基地 333 hm^2，不仅确保了有机基地的安全，还为有机食品基地扩展打下了基础。为进一步确保水稻品质、产品安全，该公司制定了《遮放贡米种植加工技术规范》，通过统一提供水稻种子、统一发放农资、统一技术指导、统一收购加工、统一品牌、统一销售的"六统一"模式，发展有机水稻种植、加工、销售全产业链；生产过程中适时请检验检疫部门对基地的水、土、空气、病虫害等进行监测评价，产品定期送检，做实基地建设，从源头管控，确保产品质量。

（四）科技优势

遮放公司与云南农业大学合作，在有机食品基地实施稻田花海项目，以花香影响稻香，营造田间美景，利用生产条件良好的有机食品基地选育优质稻品种，已审定滇屯 506、谷魂 1 号两个品种作为遮放贡米的接班品种；与深圳华大基因公司合作，对遮放贡米的古老原生品种提纯复壮，保持遮放贡米的特性，培育优质的接班品种，促进有机水稻产业的可持续发展。2023 年，省、州、市各级政府高度重视遮放贡米产业发展，通过科技立项予以支持，由云南省农业科学院牵头，中国水稻所、湖南省农业科学院、德宏州农业科学研究所参与，在胡培松院士的带领下对遮放贡米品种进行基因组合、抗性、产量、品质等全方位的研究，在边疆民族地区树起了一面高原特色有机农业的旗帜。

（五）传统农耕传承与"谷魂"文化

在长期的水稻种植实践中，芒市稻农形成了一套传统的农耕技术——"浅水栽秧，寸水活棵，苗足晒田，杨花灌浆灌深水，干湿结合到黄熟"，应用于有机水稻生产。遮放贡米文化的核心是"谷魂"文化，代表着人们对 1700 年边疆农耕文化的崇拜、传承和弘扬，其原意是"自然"和

"本真"。在芒市，人们认为"谷魂"凝聚了天地之间的精气神，遮放贡米才会香酥松软、黏而不腻、冷不回生。每年春播、秋收都会有民间自发的"谷魂"祭祀活动，并由此演绎出"冬眠、春晓、夏禾、秋金"的农耕图谱。有品质、有文化、有历史、有故事，为遮放有机稻米的销售奠定了良好的基础。

四、建立生产全程可追溯制度

（一）标识管理

采购的物资由质检部验证其质量符合要求后方可入库，以检验报告和货物保管卡为标识；生产车间从仓库领取物资时，应详细记录物资的堆位、品名、领料日期及数量；半成品生产过程应做好每道工序的记录，以包装袋为标识；加工完毕的产品经检验合格，以成品包装袋包装为标识；原料、半成品、加工后产品的标识，未经检验员的同意，任何人不得随意更换、涂改或损坏；各相关部门负责所属区域内产品的标识，将不同状态的产品分区摆放，负责对所有标识维护；有机大米标识必须加贴认证机构分配的有机产品防伪标签。

（二）建立质量可追溯体系，对不合格产品实行召回

以唯一性标识区分不同规格、不同时间加工的产品，以防止产品发生混淆；确定为不安全批次的产品须能根据记录与标识全部及时召回，以避免损害消费者利益。产品安全小组科学设计每种产品的标识体系与生产记录方法，以便能够从最终产品迅速追踪到原辅料批次、供方、加工过程参数、监测结果等情况。开通顾客对产品的投诉渠道（投诉电话、网址），制定产品召回制度。

（三）建立内部检查制度

成立内部检查领导小组，定期进行质量管理体系内部检查，验证体系是否符合有机生产要求，评定管理体系运行的有效性和适宜性；对厂区周围的生产环境、车间净化区的空气净化条件、机械设备状况及其相关记录进行检查，确保有机生产正常运行；对有机产品管理体系相关文件所规定的生产、加工记录进行检查，确保产品质量可追溯；对仓库的环境、货物摆放情况进行检查，区分有机产品与一般产品的隔离措施。

（四）建立文件管理制度

建立各类文件记录、更新、发放、回收、归档、保存、销毁等一系列管理制度，保证使用过程准确无误，使用最新版文件。

（五）建立持续改进体系

有机大米发展是一个持续渐进的过程，具体管理措施也是因地制宜地持续改进的。有机水稻生产过程中发现问题要及时分析，并评价现有过程的效率和可操作性；收集公司统计数据并进行分析，以便发现哪类问题最常发生；选择问题并确立改进目标，探索解决问题的办法；选择并实施解决问题的最佳办法，即选择并实施消除问题根本原因以及防止其再发生的解决办法；评估效果，确认问题及其产生根源已经消除或其影响已经减少，解决办法已产生了作用，并实现了改进的目标；实施新的解决办法并规范化，用新过程替代老过程，防止问题再次发生；针对已完成的改进措施，评价过程的有效性和效率，并考虑是否在其他单元推广使用该措施。

五、有机贡米生产集成技术应用

（一）以提纯复壮为主线，建立有机种子自繁自育基地

在基地水源地上游建立了 13.3 hm² 有机水稻种子繁育基地，聘用具有丰富制种经验的农艺师精心提纯复壮，年产有机稻种子 60 t，除保证有机稻种的品质与数量外，还为 3 333 hm² 绿色食品基地提供优良种子。将毫秕、毫目西、毫安弄、毫结海等 12 个古老品种作为遮放贡米的原生品种加以改良，成为有机遮放贡米的金字招牌。同时，将云南优质籼稻品种滇屯 502 作为有机大米的主栽品种进行自繁自育、提纯复壮，并在此基础上研发新品种。此外，遮放公司还扩繁推广滇屯 506、谷魂 1 号、德优系列、德稻系列等优质水稻品种。

（二）保护灌溉水源，强化生产用水管理

基地位于森林环抱的南木冷河源头，采用东山脚下岩洞里流淌出的山泉水灌溉。山泉水富含多种微量元素，水质极优；通过多年的沟渠配套建设，除个别严重干旱的年份外，排灌自如。

秧田水管理：采用旱育秧，不直接灌水，播种前用喷壶透浇苗床，湿润后用腐熟的细干厩肥与细土盖种，做到盖土不露种，盖粪不露土，最后

浇足出苗水，若秧苗生长期9—10时出现苗叶无水珠或卷曲现象，可浇一次水。

大田水管理：移栽后7~10天保持浅水层，进入分蘖高峰期撤水晒田15~20天，全田秧苗落黄时复水。大田灌水总的原则是浅水栽秧，寸水活棵，苗足晒田，扬花期和灌浆期灌深水，干湿结合直到水稻成熟。

放鸭时的水管理：待稻苗进入五叶期后放鸭，保持10~12 cm的浅水为宜，如果鸭子需要喂饲料，必须在有机地块外实施。放鸭后始终保持稻田有水层，只添水，不排水，随着鸭子的长大，水层可逐渐加深；鸭子回收后让水自然落干，以后干湿交替，收割前7天断水。

（三）保持土壤肥力的技术措施

培肥大田是水稻一生稳健生长、实现高产稳产的必要条件。前茬作物收获后，清理好前茬作物秸秆，无法还田的秸秆运到固定点沤肥；整理好田埂和排水沟后立即翻犁，争取晒田5~7天，其间均匀撒施厩肥15 000~22 500 kg/hm²，放水耙平耢田10~15天，让土肥充分融合，做好插秧前的准备。移栽前1~2天，犁好二道田，每亩施有机肥80~120 kg，保持寸水耙田，做好田平泥化。

（四）采取综合防治措施防控病虫草鼠害

贯彻"预防为主、综合防治"的植保方针，重点预防好穗茎瘟，在处理好种子的基础上，苗期发现病斑及时用药防治，消灭发病中心，全田10%的主茎进入破肚期时，连喷两次枯草芽孢杆菌，每隔7天喷一次。稻田虫害主要依靠稻田养鸭捕食害虫，虫害发生严重时，辅以高效生物农药防治。6月底至8月上旬三化螟、稻飞虱发生时，每公顷用鱼藤酮或印楝素750 mL兑水900 kg喷雾防治。防治草鼠害，以农艺措施为主，主要是清理好田间沟渠与田埂，减少病、虫、鼠滋生场所，鼠害严重时统一放药，除草提倡人工薅秧、除稗。

（五）坚持作物轮作套种，适当休耕

实行一年两熟耕作制度。夏秋季种植水稻，冬春种植玉米、豌豆、蚕豆、西瓜等。每年计划轮作农田面积120 hm²，休耕面积13.3 hm²，冬季不种作物。

（六）切实做好收获、运输及仓储质量管理

稻谷黄熟后采用人工收割和机械收割相结合，大而平整的田块机械收割，坡陡上较小的田块人工收割。无论机械收割还是人工收割，脱粒后由基地技术人员监督装车，每袋稻谷按田块编制批次号，清洁运输车箱后装车运至指定晒场自然晾晒；若遇阴天下雨，运至烘干房烘干。入库前由检验人员进行检验，达到标准后入库。

（七）做好运输工具、机械设备及仓储设施的清洁养护

从基地到加工厂、从仓库到车间使用专用工具运送，运输工具应清洁、干燥、有防雨设施及有机食品专用标识，并指派专人护送，严禁与有害、污染物质混运。加强大米车间机械设备的清洁卫生工作，完善设备维修保养制度，确保机械设备运转正常，机修人员在维修设备时要正确使用专业维修工具，不得违章操作，避免受到伤害。维修时或维修后产生的各种废旧油料（机油、柴油、液压油、齿轮油等）及废旧油桶要及时分类收集，移交供油方进行统一处理。维修过程中要用塑料布铺垫，以免污染土壤和水源。机械设备报废后，要作好污染预防工作，统一存放，积累到一定数量后统一移交专门部门处理。每天下班前做好车间清洁卫生工作，整理好生产工具。每周一次进行全厂卫生清扫工作。

六、有机水稻生产风险防控

（一）正视有机水稻种植基地存在的风险

（1）有机水稻种植基地处于山脚，半山坡地有农作物种植，如遇暴雨，容易发生泥石流，应加强环境保护方面的宣传，禁止毁林开荒、乱砍滥伐等行为，积极引导坡地农作物种植农户按照有机方式种植，防止基地受到污染。

（2）有机水稻的生产过程中，机械化程度低，需要投入大量的人力、物力，增加了有机水稻的种植成本，应加强基地平田改土以及沟渠、机耕路等基础设施建设。

（3）目前没有效果良好的生物除草剂，稻田人工除草成本高，应完善稻田养鸭、稻田养鱼、降解地膜技术的应用。

（4）冬季轮作作物品种多，病虫害轻重不一，应完善病虫害的有机防控技术。

（二）采取针对性措施，提升基地风险防控能力

（1）作为有机水稻种植技术标准应用验证企业，经过10年的实践，

遮放公司采取制作张贴有机食品宣传标语、发放环境保护宣传册、组织培训等方式对标准进行宣贯，从基地管理人员到种植水稻的农民都参加了理论和现场培训；会同芒市农业农村局一起编制了《有机、绿色、无公害食品生产技术规程》发放给农户；精编了汉、傣、景颇三种民族文字的有机水稻种植技术宣传页供农户学习。经多年有机水稻生产实践，生产的产品经多家检测机构检验，无机砷、铅、镉、氟、氟化物、磷化物等有害物质检出值远远低于国家标准，农药残留未检出，产品品质不断提高。

（2）积极争取项目资金支持，加强基地排灌系统、道路隔离带建设；投资448.9万元建成芒市遮放优质稻基地新型农业经营主体高标准农田建设试点项目工程；与云南农业大学合作开展的稻田花海项目，带动"遮放贡米庄园"、农业产业化建设和美丽乡村建设项目的实施，一个集生产、加工、生态旅游于一体的遮放贡米经济圈基本形成。

（3）完善循环经济产业链建设，助推有机食品基地健康发展。大力开发循环经济产业链，现已初步形成以"一粒米产业"为核心，带动"一杯酒产业""一头猪产业"发展的理念。利用遮放独特的环境优势，挖掘遮放贡米古老品种优质特性，加强基地田园、生态、贡米文化建设，促进乡村文化观光旅游；发展特色优质稻谷种植加工，开发遮放贡米新产品，满足消费者需求；利用碎米酿酒，传承傣家传统酿酒工艺，延伸遮放贡米产业链经济；利用副产物米糠、小碎米、酒糟、油饼喂猪，发展生态养殖，为消费者提供安全优质猪肉；猪粪便投入沼气池，产生的沼气用作酿酒、有机肥生产的燃料，沼液和沼渣用于制造水稻、果蔬等专用有机肥，产业形成内循环模式。遮放贡米循环经济产业链如图1所示。

七、集成技术应用成效

（一）通过"产学研"合作，提升古老原生品种的现代价值

遮放公司与云南农业大学稻作研究所、过旧市农业科学研究所、德宏州农业科学研究所等科研院所合作，利用遮放贡米古老品种先后培育出滇屯502、滇屯506、德优8号、德优12号、德优16、德稻1号、谷魂1号、云香1号等多个优质水稻品种，这些品种已经成为云南省乃至缅甸水

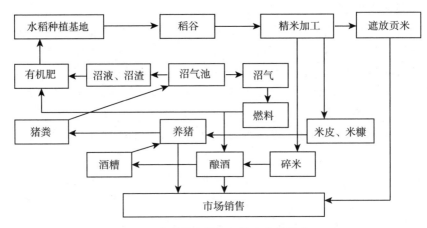

图1　遮放贡米循环经济产业链示意

稻种植区稻农的首选品种。特别是遮放公司与云南农业大学合作在有机水稻种植基地实施稻田花海项目，以花香影响稻香，营造田间美景；与深圳华大基因公司合作，对遮放贡米的原生品种提纯复壮，保持遮放贡米的特有品质，培育德宏优质香软米的接班品种，促进有机水稻产业的可持续发展。

（二）因地制宜，集成应用适宜的技术生产有机稻米

在长期的水稻种植实践中，芒市有机稻农因地制宜形成了一套科学先进的管理规范与生产技术。

（三）积极拓展有机水稻产业链

遮放公司制定了发展规划，不断完善循环经济产业链。现已形成种植、加工、养殖衔接互补的循环经济模式。"创建遮放贡米循环经济产业链，促进德宏边疆地区水稻产业发展"项目荣获德宏州科学技术进步奖三等奖、芒市科学技术奖一等奖。遮放公司将抓住瑞丽国家重点开发开放试验区"一核两翼"建设带来的机遇，结合"一带一路"倡议，利用本地区优质农业资源，全力打造允午有机食品基地稻作文化生态博物园旅游观光休闲度假区，进而将遮放贡米产业打造成全国领先、在南亚与东南亚具有一定影响力的粮食企业。

（四）开发系列产品满足不同层次的消费需求

为消费者提供高品质的大米产品是遮放公司追求的目标。根据不同层

次的消费需求，先后推出了古老品种大米、有机大米、绿色食品大米、无公害大米4个系列20余个规格的大米产品。

（1）遮放贡米古老品种每年只在遮放贡米核心基地允午坝种植13.3 hm²左右，主要品种选择世界株高最高的古老品种毫秕、毫目西。由于这些品种易倒伏、产量低，加之费工费时，生产的稻谷主要作为种质资源用于育种，另一部分加工为遮放贡米品鉴产品。因产品具有稀缺性，遮放公司将其定位为遮放贡米高端产品，根据加工精度、包装不同价格为99~999元/kg不等。

（2）有机遮放贡米在核心基地种植，利用山泉水灌溉，严格按照有机标准进行生产管理，产品符合相关标准要求，适合对产品质量要求高的客户，根据加工精度、包装材料不同价格为30~60元/kg。遮放贡米优质稻研发中心通过与各科研院所合作，繁育有机水稻种子，每年可选育遮放贡米种子60 t，价格为15~60元/kg。

（五）强化品牌建设，发挥品牌效应

经过10余年的有机水稻生产与品牌建设，遮放公司突出以"农民增收、国家增税、企业增效"为发展目标，实现了良好的成效。产品不仅通过有机食品、绿色食品、地理标志产品认证，还获得了中国十大大米公共区域品牌、中国十大好吃米饭、云南六大名米等荣誉。特别是有机遮放贡米先后获得了第七届、第九届国际有机食品博览会有机食品食味品评金奖以及首届中国十大优佳好食味有机大米食味竞赛金奖。有机遮放贡米的市场价格已达到每吨已达6万元，带动了绿色食品遮放贡米的发展，绿色食品稻谷收购价从2010年的2.8元/kg攀升到2022年的6.2元/kg，种植面积逐年扩大。水稻生产订单面积由2004年仅遮放坝的120 hm²发展到现在全州13 333 hm²。

遮放公司通过实行保护价收购政策以及帮助农民担保小额贷款，与农民建立了风险同担、利益同享的合作联动关系，组织农户成立专业合作社，踊跃投入特色农业产业开发，促进了德宏州优质水稻快速发展。自2009年开始种植有机稻谷以来，遮放公司坚持质量就是生命，以高质量的产品维护品牌，扩大了市场，促进了农民增收、国家增税、企业增利。目前，与云南省120多家国营和个体大米商建立了长期合作关系，产品远销到四川、重庆、北京、上海、广东、河南等地，同时，还利用抖音、淘宝、微信、832扶贫采购平台等电商平台进行网上销售，形成线上线下营销网络，产品销售量、销售额实现快速增长。

遮放贡米在有机、绿色食品大米生产过程中，不断创新管理方法，确保食品安全的同时，积极挖掘遮放贡米文化，做强做大、做精做优贡米产业，为边疆民族经济的发展作出了贡献。

（编写人：孙全礼　王金宏　杨子龙）

钟祥市春源农作物种植农民专业合作社联合社（湖北模式）——依托资源优势　发展有机生产

一、企业概况

钟祥市春源农作物种植农民专业合作社联合社（由 5 家农民专业合作社和 1 家农业公司发起组成，以下简称春源合作社）于 2014 年成立，是湖北省唯一一家入选"2019 年全国二十个农业社会化服务典型案例"的单位，2021 年被确定为湖北省农业社会化服务创新试点单位，2021 年被评为钟祥市百强合作社，2023 年被审定为国家农民合作社示范社。经过多年发展，春源合作社从一个单纯为社员提供种子、农药、肥料的联盟发展到提供农业生产全程社会化服务、生产销售优质高端农产品的联盟服务组织，历经了探索、实践、发展、飞跃各阶段的艰难蜕变，成长为社员满意、管理规范、财务稳健、辐射范围广、带动能力强的新型农业经营主体。

二、生产单元环境状况

春源合作社有机水稻生产核心基地位于大口国家森林公园南段的鹰子洞口，地处大洪山南麓山脉，距钟祥市区东南 30 km。森林公园总面积 1 590 hm²，森林覆盖率达 90.3%，属亚热带季风气候。园区内小气候独特，冬无严寒，夏无酷暑，雨量充沛，年平均气温 15.9℃，以低山地貌为主，最高海拔 565.4 m，平均海拔 350 m。

鹰子洞瀑布宽 6 m，落差 36 m，飞流直下，宛若银帘高悬。瀑布侧壁分布着百余个蜂窝状大小不一的溶洞，洞洞相连，一洞可进，百洞可出，可通瀑内，曲折回环，犹如迷宫，瀑掩洞，洞衬瀑，相映成趣，堪称"江汉绝景"。

春源合作社有机水稻生产用水来自鹰子洞瀑布，是山泉水与雨水汇合而成，经过山体自净化作用，含有一定量的矿物质、有机质及有益微量元素。该水源为核心基地唯一水源，周边半径 20 km 内无工业企业，无污染来源。由于冬无严寒夏无酷暑的独特小气候，核心基地的水稻生长期要比同期播种的其他地方的水稻长 10～15 天，昼夜温差大，可大大降低植物呼吸强度，减少碳水化合物的消耗，有利于籽粒灌浆和增加籽粒重量，营养更为丰富，同时，使得大米的口感更丰富。

基地周边农户世代以种植水稻为生，家家户户养猪养牛，种田用农家肥，奠定了有机种植的良好基础。2019 年，结合高标准农田建设项目，配套了太阳能频谱杀虫灯、田间交通道路、给水沟渠等设施设备。基地为连片的稻田，有机水稻生产总面积 13.3 hm²，经过连续 5 年的有机转换，种植基地通过了有机认证。

三、生产、科研团队状况

（一）筹建专家工作站

春源合作社积极与湖北省农业科学院、华中农业大学等院校取得联系，并向荆门市经济和信息化局申报，获批建立专家工作站。

（二）聘请业内专家进行技术支持

春源合作社聘请了钟祥市农业技术推广中心主任、高级农艺师寇从贤以及高级农艺师张礼银为技术顾问，每年对生产人员和社员进行 3～4 次技术培训，督导有机水稻基地生产过程。

（三）加强自身技术队伍建设

春源合作社理事长朱小林毕业于华中农业大学农学专业，为高级农艺师，同时，合作社有 2 名中级农艺师，4 名员工通过了农技员测试，15 名社员取得了农机操作证书。

四、有机稻米生产优势

（一）钟祥市农业产业发展布局政策优势

钟祥市位于湖北省中部江汉平原北端，面积 4 488 km²，辖 17 个乡镇（街道）、3 个国营农牧场、2 个省级经济技术开发区，总人口 108 万人。钟祥市地形多样，山地、平原、丘陵兼有，其中，耕地面积 193 446 hm²（水田 96 373 hm²、旱地 92 020 hm²、水浇地 5 053 hm²、富硒土壤面积

600 km²），多元的地理环境为钟祥市农业生产提供了得天独厚的优势。

钟祥市着力发展优质稻，出台了《关于大力发展优质稻生产的意见》，成立工作专班，全面完成了种植面积 13 333 hm² 的目标任务。

重点扶持新型农业经营主体，全市家庭农场、专业大户从传统农户中脱颖而出，有家庭农场 394 户，各类专业大户 5 400 余户，生产经营内容涉及种植、养殖、农产品加工、休闲观光农业、互联网电商等各个领域。

创新混合型经营模式。创立"龙头企业+合作社+农户"的彭墩模式、"上市公司+本土企业+合作社"的新布局模式、"合作社+农户"的荆沙模式、产供销一体的绿邦模式。

提升农产品质量安全监管水平。2015 年年初启动省级农产品质量安全市创建工作以来，坚持以标准化生产为抓手，狠抓"三品一标"产品认证。全市"三品一标"产品总数达到 208 个（其中有机食品 18 个，绿色食品 110 个，无公害农产品 70 个，地理标志产品 10 个）。

（二）水稻品种优势

有机水稻生产品种选择玉针香和鄂中 5 号两个品种。

1. 玉针香

玉针香在 2006 年湖南省第六次优质稻品种评选中获得一等奖。该品种属常规中熟晚籼，在湖北省作为单季中晚稻栽培，全生育期 114 天左右。株高 119 cm 左右，株型适中。叶鞘、稃尖无色，落色好。区试结果：每亩有效穗 28.1 万穗，每穗总粒数 115.8 粒，结实率 81.1%，千粒重 28.0 g。抗寒能力较强。米质：糙米率 80.0%，精米率 65.7%，整精米率 55.8%，粒长 8.8 mm，长宽比 4.9，垩白粒率 3%，垩白度 0.4%，透明度 1 级，直链淀粉含量 16.0%。

玉针香品种的大米白如玉、长如针，因此而得名。玉针香稻谷最长可超 9 mm，比普通稻谷要长 1/3。玉针香米煮熟后，米饭晶莹剔透，颗粒松散，口感香糯，绵软弹牙。

2. 鄂中 5 号

鄂中 5 号 2002 年获得中国（淮安）优质稻米十大金奖第一名、2019 年第二届全国优质稻品种食味品质鉴评（籼稻）金奖。该品种由湖北省农业科学院粮食作物研究所、湖北省优质水稻研究开发中心选育成，属优质迟熟中籼稻品种，株型紧凑，分蘖力较强，产量较高，综合抗性较强，适应性较广，综合农艺性状好。

该品种 2003 年参加湖北省中稻品种区域试验，经农业部食品质量监督检验测试中心测定，出糙率 78.1%，整精米率 60.0%，长宽比 3.6，垩白粒率 0.0%，垩白度 0.0%，直链淀粉含量 15.1%，胶稠度 83 mm，主要理化指标达到国家标准三级优质稻谷质量标准。

该品种株型紧凑，分蘖力较强，田间生长势较弱，耐寒性较差。叶色淡绿，剑叶窄、长、挺。穗型较松散，穗颈节短，有包颈现象。一次枝梗较长，二次枝梗较少，枝梗基部着粒少，上部着粒较密。区域试验中亩有效穗 18.7 万穗，株高 117.9 cm，穗长 24.5 cm，每穗总粒数 140.9 粒，实粒数 105.3 粒，结实率 74.7%，千粒重 23.99 g。全生育期 147.9 天。

（三）有机水稻生产的技术优势

春源合作社健全管理制度，实现生产全程和产品质量可追溯。

（1）标识管理。采购物资由质检部验证其质量符合要求后方可入库，以检验报告和货物保管卡为标识；有机大米标识必须加贴认证机构分配的有机产品防伪标签。

（2）建立质量可追溯体系，对不合格产品实行召回。加贴唯一性标识，识别不同规格、不同时间加工的产品。被确定为不安全批次的产品须能够全部及时召回。

（3）建立内部检查制度，成立内部检查领导小组，定期进行质量管理体系内部检查，验证生产是否符合有机要求，评定管理体系运行的有效性和适宜性。对相关文件与记录进行检查，确保产品质量可追溯。对仓库的环境、货物摆放情况等进行检查，确保隔离措施落实到位。

（4）建立各类文件颁布、更新、发放、回收、归档、保存、销毁等一系列管理制度，保证使用最新版文件。

（5）建立持续改进体系。发展有机产业是一个漫长的过程，有机产业自身也是随着社会的发展而发展的，持续改进与发展尤为重要。通过分析当前的状况，评价现有过程的效率和可操作性，建立持续改进的机制。

五、有机水稻生产主要集成技术

（一）培育壮秧

1. 种子处理

（1）晒种。选择晴朗微风天气，把种子摊在干燥向阳的地面上，晒种 6~7 h，增强种皮的透气性，提高发芽势、出芽整齐度和出苗率。

（2）浸种。用清水浸种 20 h。

2. 适时播种

做到稀播匀播。

（二）大田准备与及时移栽

1. 耕翻与整田

绿肥田于 4 月上旬进行翻压，2~3 天后上水，耕翻田于 4 月上旬上水，之后保持田间湿润，任杂草生长。机插前 7~10 天，视田间杂草情况，采取"一耕一旋"或"二耕一旋"，整田做到"四角一样平、中间无高墩"，有利于以水压草、平整、沟爽。平整后结合 3~5 天的灌水以除去杂草，使泥土沉实。

2. 机插前放水

视天气情况在机插前 1~2 天对大田放水，防止播种时大田泥土过烂或过硬，机插时以大田湿润、土表略有水渍为宜。

3. 机插时间

常规稻品种在 5 月 25 日至 6 月 10 日机插。

4. 机插密度

播前调选机械穴距，可选择株行距 20 cm 的穴距。调节好机插密度，确保单穴量为 4~6 株，并及时做好移苗补缺。

（三）田间管理

1. 合理施肥

（1）施肥原则：肥料使用应符合有机标准，坚持安全优质，全部施用有机肥。

（2）施肥方案：一是培肥土壤，秋季有机水稻收割时秸秆还田，冬季 50% 田地深翻，50% 田地种紫云英。二是根据田块肥力测定和水稻施肥的要求，目标产量为 400~450 kg/亩。三是在插秧前 15 天，每亩施用发酵好的有机肥 2 t。在水稻生长进程中，注意观察水稻叶色，发现叶色较黄的情况，用发酵肥随水施入，用量视叶色而定。

2. 科学用水

根据水稻的生长特点，在需水敏感期建立水层，其他阶段控制灌水，"以水调气，以水调肥，以水调温"，改善根系的生长环境，促进水稻健壮生长。

（1）机插后的苗期：在大田平整、沟系配套的前提下，机械插秧后，缓苗阶段要保持浅水灌溉。

（2）分蘖期浅水分蘖：2~3 叶时上薄板水，之后保持浅水，分次施好分蘖肥。

（3）及时晒田：当主茎平均带 2 个分蘖，每亩达到 22 万~24 万株苗时，开始放水轻晒；此后分 2~3 次由轻至重晒田，高峰苗控制在 40 万株苗左右；拔节孕穗开始前晒硬田脚，若拔节孕穗已开始仍采用重晒，会影响穗分化。

（4）拔节孕穗期寸水孕穗：进入拔节孕穗期以后，一般以间歇灌溉为主。灌一次浅水，保持 3~4 天水层，断水 2~3 天；再灌一次浅水，如此反复直至剑叶出齐。此后活水勤灌，建立薄水层，此阶段为减数分蘖期，是水稻一生对水分最敏感的时期，田间不能长时间断水，否则影响幼穗分化。

（5）抽穗期至灌浆成熟期湿润灌浆：灌浆期保持田间湿润，促进稻株"青秀活熟"，不能过早断水，视田间土壤墒情，适时灌一次"跑马水"，促进稻谷饱满。一般水稻收割前 7~10 天断水。

（四）病虫草害防控

1. 防控原则

坚持"预防为主、综合防治"的原则。应优先理化诱控、生态调控、生物防控，可结合总体情况合理使用符合有机生产要求的生物农药，严格遵守有机标准。

2. 常见病虫害

主要病害有纹枯病、稻瘟病、稻曲病等；主要虫害有二化螟、稻纵卷叶螟、稻飞虱、螟虫等。

3. 防控措施

（1）农业防治。选用抗性强的品种。合理耕作，轮作换茬，冬闲田种植绿肥作物，耕作除草，打捞残渣，合理施肥，培育壮秧，健身栽培，减少有害生物的发生。

（2）物理防治。采用频振式杀虫灯、色板等物理装置诱杀害虫。在稻飞虱或稻蓟马发生的田块，利用黄板（蓝板）诱杀，或用捕虫器具捕杀稻蓟马；可根据害虫趋光性特点，每公顷安装 1 盏频振式杀虫灯诱杀螟虫和稻纵卷叶螟成虫。

（3）生物防治。利用及释放天敌（赤眼蜂等）控制有害生物；同时，要保护天敌，严禁捕杀蛙类，保护田间蜘蛛；选择对天敌杀伤力小的有机生物农药，避开自然天敌对生物农药的敏感期，创造适宜自然天敌繁殖的环境；使用香根草、性诱剂控制二化螟、稻纵卷叶螟的发生和为害，应用稻鸭共育模式控制虫害。

（4）生物农药防治。要按照 GB/T 19630《有机产品　生产、加工、标识与管理体系要求》的规定操作。

（5）杂草防控。优先采用农业防控、生物防控、物理防控，科学开展综合防控，田间人工除草，田埂边、水沟机械除草，保证水稻品质和环境友好。在水稻分蘖中后期进行人工拔草，特别是阔叶杂草、三棱草等恶性杂草以及水稻生长期间的高龄杂草，必须进行多次人工拔除，控制杂草生长。此外，还可以苗压草、以水控草，同时，合理密植、增加基本苗及科学的水浆管理措施，都可达到抑制杂草生长的目的。利用稻鸭共育是目前控制田间杂草最有效的措施之一，选择体型适中、活动能力较强的鸭子，与水稻栽植同步共育，鸭子养殖量为 10～15 只/亩。

（五）收获与贮藏

1. 收　获

在蜡熟末期，米粒失水硬化时，及时用久保田收割机收获，收获机械、器具应保持洁净、无污染，存放于干燥、无虫鼠害和禽畜的场所。

2. 烘　干

有机食品稻谷与普通稻谷要分收、分晒、分藏，禁止在公路上及粉尘污染较重的地方脱粒、晒谷。采用低温循环式烘干后贮藏。

3. 贮　藏

在避光、常温、有防潮设施的地方贮藏。贮藏设施应清洁、干燥、通风、无虫害和鼠害。

（六）废弃物处理

生产过程中产生的有机农药包装袋、包装纸、塑料袋、玻璃瓶等统一回收，妥善处理，不能随地丢弃，以免污染环境以及对人、畜产生危害。产生的副产品包括秸秆、垄糠、米皮糠等，应综合利用，收获后的秸秆严禁焚烧、丢弃，提倡秸秆全量还田或综合利用。

（七）生产档案

建立水稻生产档案，包括生产投入品采购、出入库、使用记录，农事记录，收获与储运记录。所有记录真实、准确、规范，并可追溯。档案记录至少保存5年，由专人保管。

六、集成技术应用成效

（一）经济效益

有机栽培条件下水稻结实率偏低，千粒重下降，平均产量 350 kg/亩。有机稻谷的价格为 5.6 元/kg，产值达 1 960 元/亩，与常规栽培水稻相比，有机水稻平均单产减少 250 kg/亩，减产约 42%，但有机稻谷的销售价格增加了 2.6 元/kg，增幅约 87%，种植收益大幅提高。

（二）生态效益

采用有机方式栽培，不施用化学肥料，有利于保护生态环境。特别是有机生产方式以有机肥替代化肥，恢复地力效果明显。检测结果表明，多年施用有机肥有利于保持土壤生态平衡和养分平衡，增加土壤有机质含量。连续施用 3 年有机肥，稻田有机质含量提高 1 倍多，全氮含量提高 67%，速效氮含量增加 23%，速效钾含量增加 38%，土壤各种养分含量显著高于常规栽培稻田。

（三）社会效益

春源合作社有机水稻生产采用合作社+基地的模式运营，农户只投入劳动力，合作社无偿提供有机水稻生产所需的生产资料，统一技术标准并进行技术指导，所产稻谷由合作社按 5.6 元/kg 的保护价收购。此经营模式解决了农民缺乏技术、缺乏销售渠道等问题。种植者在不增加投资、不增加风险的情况下，单位面积效益增加显著，有助于山区农民致富，社会效益明显。

2017 年，春源合作社注册了"御泉滩"商标，产品名称为"长寿稻香米"；2018 年通过绿色食品认证，并于 2023 年续展；有机水稻认证已连续 3 年续展；2023 年获批使用"钟祥大米"区域公用品牌。春源合作社是钟祥市稻米产业协会副会长单位，引领全市稻米生产企业将"钟祥大米"区域公用品牌发扬光大。

2020 年 11 月，在钟祥市稻米产业协会举办的第二届"好食味·钟祥稻米"大米品鉴评比中，春源合作社选送的玉针香和鄂中 5 号两个品种的大米分获金奖和银奖；2022 年 1 月，首届"国稻有机米联杯"全国有机稻米优佳好食味品鉴评选争霸赛上，春源合作社的大米获"米饭食味金奖"。2022 年 11 月举办的第四届中国有机稻米全产业链发展创新论坛上，在有机稻米产品展示品鉴评选中，春源合作社参展的长寿稻香米产品，荣获有机稻米类别组优胜奖。

在参与区域公共品牌的创建中，春源合作社体会到区域品牌对于合作社品牌建设具有信誉提升、产业升级、产区带动的正向作用，能同时从视觉形象、品牌内涵、渠道与传播等方面提升合作社品牌形象，因此春源合作社将组织更多农户参与使用"钟祥稻米"区域公用品牌，更好地推动区域产业的兴旺，通过品牌溢价，最终实现共同富裕的目标，助力乡村振兴。

随着人们对生态环境问题的普遍关注，以及人民生活水平的提高，有机农业越来越受到重视。水稻有机栽培的生产成本比较高，如果企业市场开拓或品牌培育能力不足，将无力承担有机生产的成本投入，因此，对如何降低生产成本、提高单位面积产量与产值等问题，还需要加大研究力度。另外，水稻有机栽培的病虫害防治仍存在一定困难，有待寻找更加有效的防治途径。

（编写人：郑家宏　朱小林　赵旭光）

贵州印之谷农业有限公司（黔西北模式）——云贵高原有机稻米传统种植与技术创新

一、企业概况

贵州印之谷农业有限公司（以下简称印之谷公司）由返乡商人陈刚于 2017 年 4 月 6 日创立，注册资金 500 万元，现有职工 10 余人，是一家集有机水稻种植、生产加工、仓储、贸易流通为一体的企业。该公司创立之初，与贵州省遵义市余庆县大乌江镇凉风村 3 个村民组 132 户村民签订协议，约定 20 hm² 连片稻田用于种植有机水稻。经过 2 年有机转换期后，于 2019 年通过稻米种植、生产和加工有机认证，并注册了"石印"有机大米商标。2021 年，又与同村另 3 个村民组 125 户村民签订 20 hm² 连片稻田流转协议，基地种植总面积达到 40 hm²，年总产有机稻谷 360 t，有机稻米产值达 450 余万元。

印之谷公司创立之初，生产的稻谷主要由余庆县农田米业代加工。2020 年 10 月，印之谷公司引进仙粮 6LN-15/15SL 组合米机 1 台，仙粮 15 型碾米机 1 台、仙粮 63×3 型分级筛 2 台、泰禾 6SXM-63 型色选机 2 台、科虹 ZK-Y 型二面与六面包装机 1 台、低速提升机 8 台、低速塑料畚斗提升机 8 台，仓储能力 1 000 t，建成有机大米加工生产线，从而结束了有机大米代加工的历史，年加工能力可达 5 000 t。

2021 年，印之谷公司为确保有机大米质量，取信于消费者，在基地生产、管理、仓储、销售环节均实现了网络化、数字化，并在加工环节实现了智能化，印之谷公司已实现从传统粮食企业向现代化粮食企业转变。同时，在余庆县农业农村部门的支持下，新建了 2 条日烘干 12 t 的烘干线，并与余庆县江北农机专业合作社合作，解决农机装备不足的问题，从而确保有机稻基地从人工种植向机械化种植转变，进而降低了有机稻米的种植成本，提高了种植效率。

印之谷公司的产品 2020 年在全国高端粮食评比中获得"高食味值"评价，2022 年在中国有机稻米全产业链发展创新论坛荣获金奖，2020—2022 年在余庆县第四、第五、第六届优质米品鉴中均获得一等奖。2021

年 3 月，制定了企业标准《有机稻谷生产技术规程》并发布实施。印之谷公司一直保持稳步发展，未来可期。

二、关键技术应用

（1）产地条件与环境质量维护和综合评价技术。基地建设得到了当地政府和群众的支持，从 2017 年至今基地除增加了便于田间劳作的机耕道外，环境一直保持原貌，没有污染，同时，每年还定期对环境进行检测，监控基地环境的变化，确保基地环境的稳定。

（2）有机稻品种的选育、引种、繁育和提纯复壮技术。基地品种主要分为选育品种和提纯复壮品种两类，为确保"石印"有机大米的品质，印之谷公司每年对各品种的适应性、口感进行监测，此外，还重点考查品种的抗病虫能力。

（3）有机稻生产全程电子化、信息化、智能化配置与管控技术。为确保有机稻米质量，印之谷公司从源头抓起，基地共安装 360° 旋转摄像头 20 个，加工、储藏、包装、成品车间安装了摄像设备 10 套，确保每一个环节均不留死角，同时，在网站上建立追溯平台，增加消费者的消费信心。

（4）病虫害综合防控技术。基地病虫害防控采用生物农药防治和物理防治，确保有机稻米质量。生物农药主要采用金龟子绿僵菌、苏云金杆菌和枯草芽孢杆菌等；物理防治主要采用频振式杀虫灯、风吸式杀虫灯和新型蛾类诱捕器等。

（5）农家肥堆制、绿肥回田和施肥综合技术。生产过程中使用的肥料主要为腐熟的牛粪有机肥、油饼发酵的有机肥以及绿肥。在施肥过程中，重施底肥、巧施追肥。每年在水稻收割后，除养鱼的地块外，全部种上绿肥，翌年在绿肥开花前将其翻犁到田里，达到养地增肥的目的。

（6）有机稻种子处理、育秧综合技术。种子主要采用石灰水消毒处理。育秧主要采用湿润育秧和钵体育秧。近年来，钵体育秧得到了很好的应用，其主要优点为秧龄短，减轻苗床病虫害防控压力。

（7）有机大米的安全品质、理化品质、加工品质、蒸煮与食味品质等全面优化和综合评价技术。除了重视食品安全品质外，印之谷公司每年均参加市、州、县以及科研院所组织的优质米品鉴会，根据品鉴会的结果调整翌年品种布局，从而保证有机大米的品质。

三、创新模式应用

"石印"有机稻种植基地主要采用"有机稻+绿肥轮作"模式和"有机稻+鱼（鸭）"模式。"有机稻+绿肥轮作"模式主要优点是能实现用地养地，确保基地土壤肥力持续供给，减少外界肥料的补充；"有机稻+鱼（鸭）"模式，鱼（鸭）在生长过程中，排泄的粪便可为农田增肥，鱼（鸭）吃掉稻田里的害虫减轻病虫为害，有数据表示，稻田养鱼模式病害发生少，只有一般稻田的20%，稻谷实现增产的同时能减少生物农药的施用次数和施用量。

印之谷公司采取"返租倒包"的种植经营模式，从农民手中流转土地，将土地承包给有经营能力的4个大户种植有机稻，在种植过程中全程按照有机标准进行生产，并接受公司、消费者以及当地农民的监督，大户生产的有机稻按照约定的价格直接交付给公司，确保产品质量。这样，在保证大户种植效益的同时，又确保了有机稻谷的质量。

四、集成技术应用成效

（一）经济效益

印之谷公司基地在有机稻种植方面的经济效益主要分为两部分：一是单种有机稻，产值达 12 万~15 万元/hm^2；二是稻鱼、稻鸭模式生产，产值也是 12 万~15 万元/hm^2。基地年总产值达 450 万元，生产成本 280 万元，利润达 170 万元。

此外，发展有机产业带来的品牌效益也不容易忽视。印之谷公司拥有"石印"有机大米知名商标品牌 1 个，企业已通过 ISO9001 国际质量管理体系认证及有机产品认证。近年来，获得多项荣誉与奖项，中央电视台新闻频道、贵州卫视、人民日报、今日余庆等多家媒体对公司进行了报道，公司信誉和知名度不断得到提升，企业迎来了良好的发展机遇，企业的经济效益也逐年得到提升。

石印有机稻生产基地涉及农户 257 户，除流转土地获得收益外，农户在基地务工年收入总计达 180 万元，户均务工年收入 7 000 元，远高于农户自己种植农作物的效益（农户自种户均净收益不足 1 000 元）。

（二）生态效益

石印有机稻生产基地处于贵州省余庆县大乌江镇凉风社区，基地环境优美，无污染，土地肥沃、阳光充足，有独立的灌溉水资源，寨邻和睦，达到了人与自然的和谐。基地重视乡村振兴、共同富裕、人才培养、团队建设，成为余庆县乃至遵义市的美丽乡村示范样板，年接待观摩考察 100余批次，年接待观摩考察人员达 1 000 余人。

（三）社会效益

印之谷公司在发展过程中，注重和谐发展、整体推进。一是注重农文旅融合发展，充分挖掘"石印"文化，讲好"石印"故事，带动乡村旅游协同发展；二是办好研学基地，让中小学学子深入理解"粒粒皆辛苦"，从而从内心深处珍惜劳动成果，同时，也通过了解粮食的生产过程，扩大学子的视野；三是秉承生态和谐、环境友好的理念打造乡村旅游民宿，石印有机稻基地已成为人们远离城市喧闹、亲近自然、陶冶情操的好去处；四是通过有机大米基地的建设，当地的生态环境越来越好，河里有鱼、溪里有虾，还发现了两亿年前就存在的物种"仙女虾"，消失了 20年的萤火虫又回来了。

五、取得的主要经验

（一）基地建设

有机稻种植对环境要求较高，同时，种植前须有 2 年的转换期，为确保有机稻质量，基地建设一定要持续稳定，并得到当地群众的支持，共同维护基地环境质量。

（二）技术研发

有机稻基地环境条件不同，技术措施也相应不同。为此，印之谷公司特制定了企业标准《有机稻谷生产技术规程》，从以下几个方面规范生产。

1. 旱水轮作

基地所有土地一年只种一季水稻，采用水稻+紫云英或水稻+油菜轮作。2016 年秋天流转土地后开始种植油菜，2017 年春天油菜开花结果时把它翻在地里作为底肥；2017 年秋收后种植紫云英，2018 年春天紫云英开花时将其翻入土地作为底肥，如此循环。轮作使土壤有机质更加丰富，氮、磷、钾及其他微量元素也得到补充。

2. 自制有机肥

为了确保有机肥的纯正，收购农户散养牛的牛粪，与稻草、粗糠及菜籽饼混合发酵，制作有机肥用于水稻追肥，每年秋收时的稻草粉碎后还田，增加土壤的有机质。

3. 草害管理

采用稻+鸭种养模式，选用当地的麻鸭，在插完秧后 10 天左右把鸭子放养在田里，直到水稻灌浆后收回鸭子上市，鸭子除草、吃虫，鸭粪还可肥田。当地的麻鸭个头不大，但活泼好动，除草能力很强。此外，每年都要人工除草 2 次以上（也就是传统的薅秧），除草的同时也翻松耕地促进了秧苗根系生长。

4. 科学防控病虫害

种植有机水稻的关键是病虫害的科学防控，以防为主、以治为辅，达到有效防控的目的。通过提前预防病虫害，给水稻穿上"防护服"，尽可能让病虫害少发生。余庆县农业农村局植物保护站有一套完整有效的水稻病虫害防治预报机制，提高了病虫害防控效果。

（1）种子处理。采用 1% 石灰水浸种，前移病虫害防控关口，从源头防病治虫。

（2）物理与生物诱控。在田间安装太阳能捕虫器、高空杀虫灯、性诱器、多功能诱捕器，诱杀稻纵卷叶螟、稻飞虱、二化螟等水稻主要虫害，降低虫口基数。

（3）安全用药。防治稻飞虱主要使用苦参碱、金龟子绿僵菌 CQMa421；防治稻纵卷叶螟、二化螟使用优先选用苏云金杆菌、金龟子绿僵菌 CQMa421、短隐杆菌；防治病害主要使用枯草芽孢杆菌、氨基寡糖素等。在病虫害发生程度较轻时，选用登记作物为水稻的符合国家有机标准的植物源、微生物源农药等生物制剂提前预防，发挥持续控害作用。

（4）"一喷多促"。开展病虫防治时，使用氨基酸水溶肥、免疫诱抗剂等与生物农药混合喷施，可促进水稻生长、提高水稻的抗逆性和产量。

（5）统防统治。采用高工效低容量喷雾器或植保无人机实施统防统治，精准施药，提高生物农药的利用率。

5. 收割、晾晒及加工

由于石印有机稻基地是山地梯田，机械化程度不高，每年的机械收割率只能达到 50%，机收的水稻用烘干机烘干，剩下的水稻都要靠人工收割，人工收割的稻谷主要在晾席上晾晒脱水。为了确保有机大米在加工过程中不受其他因素干扰，印之谷公司专门建设了一条有机大米加工生产线，整条生产线不加工非有机稻谷，并且没有抛光环节。

（三）科企合作

印之谷公司为确保有机大米产业的持续健康发展，与贵州省水稻研究所协作培育适宜品种，同时寻求省、市、县农业农村部门的技术支持，加强对有机稻米生产过程的技术指导，并聘请在水稻生产方面有经验的专家定期到基地指导。

（四）生产拓展

石印有机大米除在品牌上进行提升外，同时在副产品开发利用上进行拓展，如开发的有机高度白酒，目前在当地市场上已占有一定的份额，逐渐得到了消费者的认可。

（五）人才培养

印之谷公司重点培养种植管理人才和经营管理人才。在种植管理人才培养方面，目前主要培育了 4 个能人，他们分别组建了合作社，各自负责一块基地，为公司分担了任务，同时也能掌控基地质量；在经营人才方面，培养组建了"石印有机大米"营销团队，专门从事市场开发等工作。

（六）企业文化

石印有机稻基地位于有人文背景的少数民族地区，当地有天然形成的奇石胜景。道光二十年（1840 年），石印首富田太云、田太庆两兄弟在家乡捐资建起了石印石桥，这座古桥像岁月老人一样，守护着当地的传统文化。汉族、苗族、土家族、仡佬族同胞聚居在此地并相互融合。石印村落乡风文明，文化活动丰富多彩，打田时有"开犁节"，插秧时有秧"开门节"，收获时有"吃新节"等，还有非物质文化遗产的花灯、锣鼓、打钱杆等传统民间文艺保留至今。

印之谷公司正在投资兴建石印乡村民宿与种植博物馆，还辟出专区开展科普文化大讲堂，讲堂定期聘请各行业的学者、专家来村里为村民传授知识，提升村民素质。随着有机基地的建设，从 2020 年起每逢水稻移栽、收割季节，都会迎来当地中小学生到基地研学，同学们走进田间了解水稻的生产，体会粮食的来之不易，让他们从小就热爱劳动、爱惜粮食。印之谷公司持续发展的同时，通过多种形式回馈社会，以期共建美好家园。

（编写人：杨丽丹　刘辉　陈刚）

第四章

有机水稻生产技术支撑服务型企业典范案例选编

上海浦东百欧欢有机生态农业产业研究院暨上海百欧欢农产品有限公司——以技术服务为支撑　推动十大关键技术集成应用　促进有机稻米产业发展

一、企业概况

（一）上海百欧欢农产品有限公司

上海百欧欢农产品有限公司（以下简称百欧欢）成立于 2004 年，位于上海市浦东新区川沙新镇。该公司目前拥有上海川沙、云南昆明与楚雄等多个果蔬、稻米、种子及综合性有机基地。

百欧欢坚持以小步慢走的方式在有机的道路上前进，不断发展壮大的同时，也为中国的有机事业添砖加瓦，力争成为中国有机农业领域重要的推动力量之一，为中国的食品安全、环境保护、农业发展事业贡献自己的绵薄之力。目前该公司旗下拥有百欧欢（BIOFarm）、安播食芽（Ambrosia）、达乐家族（Dalahfolk）3 个品牌。

百欧欢是目前唯一获得世界有机勋章的中国企业，担任国际有机运动联盟亚洲分会监事、国家芽苗菜协会理事、上海市农业机械化协会理事单位，并且被评定为上海市有机生态农业科普基地。

百欧欢从 2012 年开始从事有机稻米的生产，一直致力于有机稻米的标准化工作，并积极参与中国有机稻米标准化创新发展联盟的工作，积极推动有机稻米十大关键技术集成应用模式的落地，并通过上海浦东百欧欢有机生态农业产业研究院开展十大关键技术集成应用的推广，取得了一定的成效。

（二）上海浦东百欧欢有机生态农业产业研究院及其服务的企业

1. 上海浦东百欧欢有机生态农业产业研究院简介

上海浦东百欧欢有机生态农业产业研究院（以下简称百欧欢研究院）是一所独立运作的民办非营利研究机构，位于上海浦东新区川沙新镇，成立于 2018 年，致力于推广与应用有机农业和生态友好的农业生产模式。百欧欢研究院以"项目承接"模式提供有机生态农业的专业咨询与规划服务，专注有机生态农业产业的关键技术研发、成果转化、项目引进、技术服务、人才培训、产业规划、会展会务、技术推广、资料汇编、市场调查、营销咨询等业务。结合企业实践经验与科研成果，因地制宜地辅导农民转换有机生态农业生产；提供专业的规划设计、技术支持与农业服务；通过项目的推进与实践，探索"三农"可持续发展模式。

百欧欢研究院自成立开始就积极参与国内外有机稻米产业相关的技术推广工作，并积极开展有机稻米生产相关技术研发，参与编写了多部专著，发表了多篇论文，同时，以技术服务的模式在国内多个地方开展有机稻米生产技术标准体系的落地应用，服务对象包括上海、成都、嘉兴、长沙等地的多个标准化有机稻米生态农场。

2. 成都春华锦田农业科技有限公司

成都春华锦田农业科技有限公司位于四川省成都市郫都区团结镇宝华村，该区域是成都平原的传统稻作区，2017 年开始开展有机稻米的生产，百欧欢研究院帮助其开展稻田规划、有机稻米生产标准体系建设等，建设了 20 hm^2 的有机稻田，并获得了中绿华夏有机食品认证中心的有机认证，2018 年被授予"西南片区有机水稻十大关键技术集成应用实践基地"称号，生产的"锦田米"已在成都地区销售。同时，百欧欢研究院还为该企业构建了以稻田景观为依托的有机农业休闲体系。

成都春华锦田农业科技有限公司在稻米品牌推广、市场开发等方面也积极发力，通过开展稻米品鉴、稻田启动等诸多活动，将专家、市民、政府官员吸引到项目所在地的宝华村，采取现场体验、推介、专家品鉴的方式，使得"锦田米"得到消费者和专业人士的认可。

以保护"十大关键技术应用生产基地"为起点，在百欧欢研究院的主导下开展了十大关键技术在郫都区的推广。2018 年，成都市郫都区人民政府委托百欧欢研究院开展"郫都区乡村振兴博览园"的产业规划项目，其中稻米作为该项目农业产业的重点支撑。规划中，百欧欢研究院因地制宜地将"十大关键技术集成应用模式"落地为郫都区稻米产业提质增效的重要技术和管理支撑，得到了郫都区人民政府的认可。

3. 长沙强村农业科技有限公司

长沙强村农业科技有限公司位于湖南省长沙市长沙县果园镇新明村，该区域所建立的稻米基地属于长沙县集体经济产业指导服务中心的示范基地，占地面积 4.67 hm²，主要以技术示范、品种展示、培训为主要功能，服务于长沙县 114 个村的乡村振兴产业。百欧欢研究院通过技术服务落地，在当地构建了有机稻米十大关键技术体系，并开展有机稻米种植、管理以及技术培训工作，推动了当地有机稻米产业的提升。

4. 海宁欣农生态农业有限公司

海宁欣农生态农业有限公司位于浙江省海宁市袁花镇新袁村，是由香港富湾集团投资建设的一家综合型有机农场，百欧欢研究院于 2018 年加入该项目，经过两年的时间打造了一座集生产休闲为一体的农场，并引入有机稻米生产十大关键技术体系，为该企业构建了完整的有机稻米生产技术体系，开展有机稻米的生产，并形成了"查香米"品牌，2022 年该基地获得了"浙江地区十大关键技术集成应用实践基地"称号。

2021 年开始，海宁欣农生态农业有限公司开始扩大稻米生产面积，同时严格按照百欧欢研究院所设定有机稻米生产技术体系，持续应用十大关键技术集成模式，开展有机稻米生产，并在当地开展有机稻米生产技术推广和宣传活动。

二、生产单元环境状况

（一）成都春华锦田农业科技有限公司

春华锦田农业科技有限公司的稻田位于成都市郫都区团结镇宝华村，位于都江堰灌区中游，属于亚热带湿润性季风气候，其气候特点为雨量充沛，冬季多雾，日照偏少，四季分明，春早、夏长、秋雨、冬暖，无霜期长。多年平均气温 16.3℃，最低极端气温 -5℃，无霜期平均 301 天，年均日照时数 1 100 h，年均降水量 1 300 mm。

该区域属于成都平原的稻米传统生产区、都江堰灌区自流灌溉区，土壤以水稻土为主，主要种植杂交稻。

（二）海宁欣农生态农业有限公司

海宁欣农生态农业有限公司位于浙江省海宁市袁花镇新袁村，该区域属亚热带季风气候区。暖季受热带海洋气团调节，盛行东到东南风，气候温润，降水较丰；冷季受副极地大陆气团控制，盛行北到西北风，气候干寒，降水偏少；四季分明，冬夏较长，春秋较短；降水季节变化明显，光温同步，雨热同季，光、温、水配合较好；境内除东南部丘地和沿江高地外，平原地域气候差异较小；无霜期较长，农业气候条件优越，唯气候多变，尚有旱、涝、风、雹等气象灾害出现。

该区域属于嘉兴地区传统的鱼米之乡，常年种植稻米，形成了江南特色的水稻土，主要种植粳米。

（三）上海百欧欢农产品有限公司

上海百欧欢农产品有限公司位于浦东新区川沙新镇七灶村、汤店村、连民村、吴店村，该区域为北亚热带南缘东亚季风盛行的滨海地形，属海洋性气候，四季分明，降水充沛，光照较足，温度适中。一年四季气候变化明显，季节的划分以五天平均气温 10~22℃ 为春季和秋季，高于 22℃ 的为夏季，低于 10℃ 的为冬季。镇域气候受海洋调节明显，夏天昼热夜凉，冬天日暖晚寒。

该区域属于长江入海口冲积平原，常年种植水稻等作物，土壤以水稻土为主，主要种植粳稻。百欧欢有机生态农场基地位于川沙新镇连民村、汤店村和七灶村。

三、生产、科研团队状况

百欧欢有员工 120 多人，其中大专以上员工占比超过 30%，50% 以上的人员具有 10 年以上的农业生产经验，农业生产管理经验十分丰富，对有机稻米十大关键技术的集成应用有积极的推动作用。企业聘用了多位来自我国台湾、日本及东南亚的有机生态农业及稻米专家，支撑企业在技术、市场、管理方面不断提升。百欧欢通过以下措施保障团队建设及技术的应用与创新。

（一）构建自有种植标准体系

致力于有机农业生产全流程的标准化，形成了"百欧欢种植标准体系"，自 2012 年开展有机稻米生产以来，多年来对有机稻米生产的关键环节进行攻关，逐渐形成了以十大关键技术集成应用模式为指南的有机稻米全链条标准化生产体系，并纳入"百欧欢种植标准体系"，形成了可落地、可实施、接地气的有机稻米生产技术管理体系。

（二）坚持人才自主培养

农业人才须长期培养，企业针对每一个人才的特点制定具有指导意义的学习和成长指南，帮助他们成长为专业技术人员，在各自的岗位上推动稻米全链条生产体系的提升。

（三）坚持全员创新

有机稻米生产体系的构建，离不开每一个环节专业技术人员的创新，百欧欢在选种、育秧、田间管理、植保、产后加工等诸多环节均培养出了具备创新能力的技术人员，为向更多企业提供有机稻米生产技术服务提供了专业人才队伍储备。

四、有机稻米生产优势

（一）坚持有机稻米生产全链条发展

有机水稻的生产是一个涉及多个关键环节的生产体系，品种选择、土壤培肥、病虫草害防治、水肥管理、杂草管理、产后加工等诸多环节，都会影响产品品质，因此"百欧欢种植标准体系"在强调每一个环节重要性的同时，特别强调各个环节管理的有效衔接，如在有机稻米水肥管理和病虫害防治关系上，企业坚持通过壮苗、合理化水肥管理促使作物健康生长，提高作物自身的抗性。

（二）坚持有机稻米生产过程关键节点控制

有机水稻生长期长，因此，在水稻生长的各个阶段有重点地控制，保障在关键环节不出纰漏，并提前做好各种突发情况的预案。企业形成了有机农业投入品管理规程、有机水稻的选种规程、有机水稻的草害防治规程、有机水稻的病虫防治规程以及风险管控规程，各个环节专人管理，协调各部门控制好水稻各个生产关键环节。

（三）技术服务模式推广标准落地

在《有机稻米生产十大关键技术集成应用指南》的指导下形成了企业标准《百欧欢种植标准体系　有机稻米》，百欧欢研究院以技术服务的模式为国内多个有机稻米生态农场构建了有机稻米生产关键技术集成应用的模式体系，目前已经在浙江海宁（浙江地区有机稻米十大关键技术集成应用实践基地）、四川郫都（西南地区有机稻米十大关键技术集成应用实践基地）、上海浦东（长江三角洲地区有机稻米十大关键技术集成应用实践基地）、湖南长沙、江苏常州等多个有机稻米生态农场得到应用，并取得良好的效果。

（四）坚持技术应用与休闲科普相结合

对有机稻米生产十大关键技术进行科普宣传，制作十大关键技术科普展示讲解展板，同时，通过有机稻米生产十大关键技术应用，形成了稻鱼景观、稻虾景观、彩色稻种植景观、轮作景观等稻田景观，推动了相关产业的发展。

五、有机水稻生产主要技术特征

（一）产地条件管控技术

1. 基础设施

研究院所服务的几个基地都以新建稻田为主，在农场建设之前，就完成了稻田的"三通一平"（水通、电通、路通和场地平整）整体建设。

（1）土地平整。完成小区域内土地的平整，单块土地面积建议为 $0.33 \sim 1 \ hm^2$，区域内平整高度不超过 5 cm，且土地平整不得破坏土壤 30 cm 耕作层。

（2）道路。完善稻田路网系统，道路材质和宽度应该满足有机水稻种植机械化操作的要求，农场区域内主干道宽度为 3.5 m 左右，次干道宽度不低于 3 m，保证区域内每个地块都可以实现机械化操作。同时，道路与田地的落差不超过 30 cm，方便机械进出。

（3）灌排水。农场区域内形成灌排水系统，灌溉系统由专门的泵站系统控制，统一安装电磁阀，稻田灌水实现自动化操作，节省劳动力；排水系统与灌溉系统分离，形成独立的排水系统。

2. 生产设施

（1）稻鸭共作基础设施。每 $0.66 \ hm^2$ 左右构建一个鸭舍，鸭舍采用砖结构或者木结构，每个鸭舍面积不低于 $5 \ m^2$，每 $0.33 \sim 0.66 \ hm^2$ 围成一个稻鸭活动区域，沿田埂设置 60 cm 的鸭网，防止鸭子逃出。

（2）稻虾共作基础设施。每 $0.66 \sim 1.33 \ hm^2$ 形成一个种养区域，沿田块四周构建宽度 3 m 以上、深度 2.5 m 左右的虾沟，偏向稻田一侧的坡度大于道路一侧，稻田整体的水平高度低于田埂 30 cm 左右。靠近稻田入口构建一个入田宽度不低于 2 m 的虾沟过沟板，过沟板下面布置一涵管，涵管直径不小于 60 cm，保障区域内水的流通（图 1）。

（3）稻渔共作基础设施。每 $0.66 \sim 1.33 \ hm^2$ 形成一个种养区域，沿田

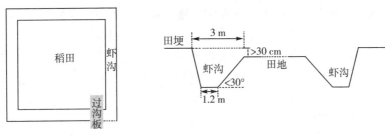

图1　虾沟示意

块四周构建宽度 1.2 m 的鱼沟，同时，田块中开挖一个宽 1.2 m 的十字形鱼沟与外围鱼沟相连，十字交叉处设置一个直径 2 m 的圆形鱼沟，深度 0.6 m 左右，稻田整体的水平高度低于田埂 30 cm 左右。靠近稻田入口区域构建一个入田宽度不低于 2 m 的过沟板，过沟板下面布置一涵管，涵管直径不小于 45 cm，保障区域内的水的流通（图 2）。

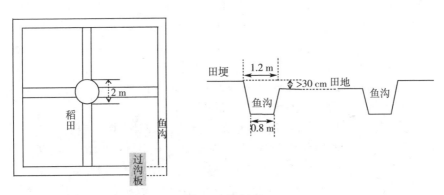

图2　鱼沟示意

（4）管理用房。为了配合有机稻米产业的发展，建议建设相关配套设施，包括种子库、生物制剂库、工具房、办公区、冷藏库、农机库等。

（5）晒谷场及加工中心。小型的稻米生产企业一般不配套加工厂，可以根据实际需求与中大型加工厂合作加工稻谷。

（6）育秧工场。针对农场育秧与轮作育苗的需求，建议构建一座面积与稻田面积相匹配的水稻育秧中心，可以采用单体大棚（投资较少）+传统露地育秧的方式，或连体大棚+层架育秧的模式。①单体大棚：顶高

3.5 m，肩高 1.2 m，跨度 8 m，单棚长度不超过 40 m，两侧设置卷膜和防虫网，方便通风和防虫。②连体大棚：顶高 5.5 m，肩高 3 m，单体跨度 8 m，根据需求设置 4~10 m 跨度，大棚长度不超过 40 m 为佳；顶部和四周都设置卷膜和防虫网，方便防虫和通风降温；建议设置内外遮阳保温系统以及水帘和风机系统，保障升降温的需求。③灌溉系统：根据稻田实际状况建设喷灌系统，或采取潮汐苗床的模式，方便秧田灌水。④催芽室：采用聚氨酯板或彩钢板建设，四周密封，配置风机预冷和补光系统，保证育秧时的温度和光照需求。

（7）物联网控制系统。根据基地的需求设置专门的有机稻田物联网控制系统，主要涵盖环境监控、灌排水自动化控制系统、田间生产监控系统，因此，在构建稻田基础设施时就应完成整个农场的网络布局、灌排水电磁阀控制系统布局。

3. 有机稻米安全管控基础设施构建

（1）隔离带。设置在稻田的四周，设置隔离带与常规地块相隔离。在天然屏障（如道路、河流、水沟或围墙）不足以保障有机地块不受常规地块干扰的情况下，可以设置物理阻隔物：林带建议宽度不低于 8 m，且乔木、灌木、草本植物混合，并设立围篱；围墙建议宽度不低于 2 m，且围墙两侧种植 2 m 左右宽的绿化带作为缓冲。

（2）围篱设置。在有机稻田的四周设置专门的围篱，高度不低于 2 m，且围篱周围种植小乔木，与外部环境隔离。

（3）环境要求。在进行有机稻田规划之前，对土壤、灌溉水进行抽样送检，并对当地历年空气质量监控数据进行分析，同时，判断方圆 10 km 范围内是否有化工厂、大型传染病医院等污染源。评估合格后，方可开展有机稻米的生产体系建设，若评估中存在问题但可以改进，实施改进措施后再进行二次评估，合格后可以进行有机稻米的生产。

（4）气候监测系统。在条件允许的情况下，建议在稻田区域设置一气象站，持续监测降水、气温、空气湿度、风力等影响水稻生产的气候变化情况。

（二）水稻品种选择及育秧技术

1. 水稻品种选择

随着生活水平的提高，人们对大米的食味有了更高层次的要求，因此选择合适的稻米品种至关重要。

（1）选择标准。①适应性：根据调研，了解适宜当地种植的稻米品种，同时通过国家稻米种质资源数据库的数据筛选品种，对稻米类型、全生育期、适宜栽培区、抗病性（叶瘟、穗颈瘟等）、株高等生物学特性进行评估，筛选出适合当地生产的品种。②产量：收集备选品种的产量特性数据，主要包括有效穗数、穗长、结实率、千粒重、平均产量、出糙率和精米率等，通过进行综合评估选择适合当地种植的品种。③商品性：参考当地民众对于稻米品种的喜好，主要包括稻米的长宽比、垩白度、垩白率、透明度、香味等特征。④食味性：根据当地消费者的消费习惯（如四川地区偏好硬度较高的大米，上海地区偏好软糯、有弹性的大米），测定稻米的直链淀粉含量、蛋白质含量、碱消值、胶稠度和食味评分，最后选定稻米品种。

（2）品种试种。筛选出的品种须在当地试种后方可大规模种植，通过 3 年试种的筛选，最终确定主栽品种。第一年主要以当地传统品种为主栽品种，避免出现大面积种植失败，针对试验品种进行小范围的试种，对试种品种的适应性、产量、商品性、稳定性进行综合评估筛选，同时，初步形成试种品种的种植技术规程；第二年扩大种植面积，并有针对性地验证和调整种植技术规程，最终形成适宜该品种的种植标准体系；第三年，针对筛选品种应用种植技术标准体系进行大规模的生产，并开展市场的推广，经过 2 年的转换期，稻米可实现有机生产。

（3）品种体系。百欧欢研究院根据不同区域的稻米种植条件和消费者喜好，筛选出适合当地产业发展需求的稻米品种。在成都地区筛选出宜香优 2115、旌优 727、象牙香占 3 个籼米品种。针对上海、嘉兴地区人群喜好软糯、有弹性、香味浓郁的稻米品种，百欧欢研究院与上海师范大学李建粤老师的分子育种团队合作，开发出新品种上师大 19，先后在上海和嘉兴进行几年试种，生产特性优异，抗病性也好，因此逐渐成为嘉兴和上海浦东地区的主推品种之一。同时，百欧欢研究院和上海师范大学继续合作，开发出更具营养的功能性大米品种巨胚米，已经在上海地区取得了较好的试验结果，接下来将逐步拓展其种植规模和区域。

2. 育秧技术

根据稻田生产的需求不同，采取人工育秧和机械化插秧的两种育秧方式，基本的操作模式如图 3 所示。

根据种植模式的不同可以选择不同的插秧模式：如果不进行稻鸭共作的田块建议采用机械插秧，插秧机可以自行购买或者选择当地农机合作社

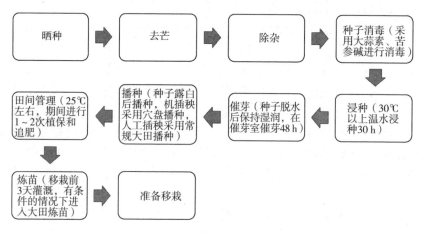

图3　水稻育秧流程

的插秧服务，插秧机在插秧前必须用清水彻底清洗，方可用于有机稻田的插秧；如果进行稻鸭共作，建议采用人工插秧，人工插秧前一天应对秧田进行湿水，方便起苗，建议水稻株行距为 25 cm×30 cm。

（三）有机稻米精准施肥技术要点

根据稻田土壤肥力和当地原材料情况，选择不同的稻田培肥模式。

1. 种植绿肥

绿肥品种：苕子、紫云英和油菜。

绿肥作物一般在水稻收获后种植，一般情况下建议每亩施用氮磷钾含量8%的有机肥 500 kg，然后进行翻耕，翻耕后浇一次跑马水，然后在田间撒播种子，根据不同作物，建议每亩播种量为 1.5~3 kg。

绿肥生长期间，根据情况进行适当管理，如病虫害十分严重，则可以提前翻耕。正常情况下绿肥在花期进行翻耕，上海、成都地区的花期基本集中在 3—4 月，在绿肥盛花期采用秸秆还田机进行还田处理。

2. 绿肥、秸秆还田后使用秸秆还田剂

绿肥或秸秆还田后，田间浇一次跑马水，待落水后，将秸秆腐熟剂按照一定比例稀释后全田喷洒，建议每亩使用秸秆还田剂 200 g，可以外加枯草芽孢杆菌 50 g 左右。喷洒后要保持田间湿润，并定期灌水。待田间大部分绿肥或秸秆出现菌丝或腐烂程度较大时，可以采用旋耕机进行旋耕，促使腐烂的绿肥或秸秆与土壤充分混合，并适当灌水。

3. 有机稻田施肥体系

有机水稻的不同生长阶段对于肥力的需求不同，根据土壤肥力，可以一次施足基肥，依情况调整用量追肥 3 次，保证水稻在不同生长期的肥力的需求。

（1）施足底肥。根据土壤的肥力情况进行测算，在使用绿肥的情况下，建议每亩使用氮磷钾含量大于 8% 的有机肥 1 200~1 500 kg，同时配合 200 kg 的饼肥或豆粕肥在翻耕前撒施，因为有机肥施肥量大，且人工撒施的均匀性不佳，建议采用配套式或一体式的有机肥撒肥机进行施肥。施肥后立刻翻耕，旋耕机翻耕深度不低于 15 cm，保证有机肥均匀分布在土壤耕作层内。

（2）合理施用分蘖肥。保证有效分蘖，控制无效分蘖，在水稻插秧后 7~10 天，水稻开始分蘖，建议每亩随水冲施液态有机肥（含氮量不低于 4%）5 kg，冲施后稻田暂不放水，避免肥料流失。合理的分蘖肥施用要伴随着稻田的水分控制，分蘖期大水，分蘖后期断水，减少无效分蘖。

（3）适时追施穗肥。一般追肥时间以节间开始伸长、幼穗开始分化为宜，在抽穗前 16~18 天，或水稻叶龄指数达到 90%，水稻剑叶刚露尖，幼穗长到 1~2 mm 时进行，此时水稻需要大量水分，建议每亩随水冲施氮磷钾含量 8% 的液态有机肥 5~10 kg。遇阴雨连绵的天气，生长过旺的稻田可不追施穗肥。

（4）巧施粒肥。在恰当的时间使用粒肥，可以促进稻粒饱满，千粒重增加。建议在水稻抽穗后 5~10 天施粒肥，每亩建议使用 1 kg 氮磷钾含量 8% 左右的高钾有机液肥。粒肥要根据天气、田间生长状况来确定施与不施以及施多施少。

（四）水稻病虫害综合防控技术

为了保障有机水稻病虫害的综合防控效果，百欧欢构建了一套有机水稻病虫害防治体系。

1. 病虫害发生规律调研

基地建设初期调研当地主要病虫害及其发生规律，并依据此规律制定的病虫害防控方案。

2. 病虫害测报

依据病虫害发生规律及时预防病虫害发生。但每年病虫害的发生都会因为气候和作物的差异而有所变化，因此，在基地建立有专门的虫情测报系统，针对病虫发生提早进行测报，同时，及时从政府测报系统中获取数据，然后综合研判当年的病虫害发生情况，实时调整病虫害防控方案。

3. 构建综合防控体系

（1）生态防治控系。农作物病虫害暴发与稻田生态系统失去平衡有关，因此在构建有机稻田的同时，充分考量田间生态系统的恢复与构建，在隔离带、田埂上种植各种具有趋避病虫害、吸引天敌作用的作物，营造生物多样性，维系生态系统平衡。①隔离带种植具有趋避作用的香料作物和中草药作物，包括迷迭香、除虫菊、苦楝树等。②在田埂上种植香茅、鼠尾草、洋甘菊、芝麻、藿香等香料作物，可以起到趋避害虫的作用。③适当保留部分田埂上的杂草以保障草蛉、瓢虫等天敌昆虫有栖息地，同时保护青蛙等生物。

（2）农业防控体系。①培育壮苗，在水稻种植的初期坚持采用壮苗栽培，在插秧之前提早清除病苗、弱苗，提高成苗率和秧苗抗性。②坚持水稻稀植，提高田间的通风能力，降低病害发生的可能性。③坚持水分管理，在水稻生产的不同阶段，通过合理的水分管理来减少病虫害的发生，采取深水、浅水、断水、晒田等模式实现田间生态重构，减少病虫害滋生。

4. 坚持生态种养模式

（1）稻鸭共作。在条件允许的有机稻田采用稻鸭共作模式，有利于减少稻田病虫害发生。①鸭子品种选择：选择当地体型小的麻鸭品种。②鸭子投放：在水稻插秧的同时孵化雏鸭，水稻返青后放雏鸭下水，每亩投放 8~12 只鸭子，投放前应提前给鸭子打疫苗。③鸭子的管理：鸭子投放 7~15 天，在鸭舍周边 3~5 m^2 的区域圈养，促使鸭子逐渐适应田间有水的环境，并避免幼鸭进入大田。根据鸭苗的生长状况每天固定时间喂食 2~3 次。将板蓝根或者大青叶的中药粉拌入饲料进行一次鸭子防病工作。鸭子投放超过 15 天之后，已经基本长大，可以放开圈养区域，促使其自由往返于稻田与鸭舍间；这个时间段内，坚持每天喂食 2 次，且时间固定，同时采用哨子或者自动喂食机召唤田间的鸭子前来取食，喂食应达到半饱的状态，避免过饱或饥饿；每 15 天左右于饲料中添加一次板蓝根或大青叶中草药粉，提高鸭子的抗病能力。④收鸭：水稻灌浆期开始，逐渐将鸭子赶出田间，于一区域内单独饲养，直到上市。

稻鸭共作，一是通过鸭掌的踩踏可以补给水稻根系周围的氧气，促进根系呼吸；二是鸭子在田间取食各种害虫，特别是针对蝽虫、飞虱等有极好的捕食作用；三是鸭子通过脚踩、啄食等方式可以有效控制田间的杂草；四是鸭子的粪便排到田间，可以补充肥力；五是鸭子在田间活动，可以促进田间土壤物理性质和化学性质变化，提升作物养分吸收和代谢的能力，提高作物自身的抗性，减少病害的发生。

（2）稻鱼共作。稻鱼共作和稻鸭共作相似，能改变田间微环境。①品种选择：建议选择草鱼、鲫鱼、鲤鱼3个品种共养，3种鱼类分别处于水体的高中低三层，可以对水体空间综合利用。②鱼苗投放：先将鱼投放于鱼沟中，避免鱼进入田间。选择体重为0.05~0.10 kg的鱼苗，每亩投入鱼苗100~200尾，可以根据实际情况进行调整。③鱼苗管理：鱼苗投入鱼沟10天左右，水稻已经完成分蘖，可以适当提高田间水位，使其没过田埂，鱼可以轻松到达田间。鱼苗坚持每天喂食1~2次，并根据情况适当喂食少量有机生产允许使用的药剂，避免鱼生病。④鱼的作用和鸭子既有相似之处，也有所差异：一是鱼苗在田间游动，可以以田间部分半水生虫害为食；二是鱼可以取食刚刚长出的杂草；三是鱼不断地触碰水稻根系，可以促使水稻根系更好地成长。除了稻鸭共作、稻鱼共作两种模式之外，根据区域的实际情况，也可以采用稻蛙共作、稻虾共作等模式，这样可以更好地防控田间病虫害。

（3）物理防治体系构建。构建完善的绿色防控体系，物理防治措施也有着极好的作用，百欧欢应用的物理防治措施包括杀虫灯、黄板、黑光灯等。

杀虫灯应该谨慎使用，正常情况每公顷设置1盏太阳能杀虫灯，并且呈现"S"形放置，同时避免杀虫灯过分靠近田地边缘，每隔10天左右清理一次杀虫灯的虫袋；黄板对于防治大部分鳞翅目和同翅目害虫有很好的作用；每亩布置15片左右黄板，采用"S"形或者星形布置，由于水稻是逐渐长高的，因此黄板的高度应始终高于水稻1/3。

（4）生物防治措施。①性诱捕器：主要针对的虫害有大螟、二化螟、三化螟和稻纵卷叶螟等，以防治成虫为主，因此性诱捕器的使用特别注重放置时期和方法。在不同区域的稻田应选择不同的性诱捕器品种，四川成都地区主要以二化螟和三化螟为主，上海和嘉兴地区主要以二化螟和稻纵卷叶螟为主。性诱捕器的布置建议每亩放置1~2只为佳，"S"形或者星形放置，放置高度为进虫口和水稻顶端基本平齐即可；诱捕器诱芯放置应该一器一芯，避免双芯或混芯。在当地往年害虫发蛾期前 20 天左右先少量投放诱捕器，并且每天检查诱捕器捕虫的数量，当投放的诱捕器中有 80% 发现害虫，即可以进行大规模的布置。诱捕器的集虫袋建议在高发期每隔 10 天更换一次。②天敌的应用：水稻虫害控制上已经商业化的天敌品种包括周氏啮小蜂、赤眼蜂等多个品种。赤眼蜂是防控水稻鳞翅目害虫最有效的天敌昆虫，主要寄生在鳞翅目害虫的卵上，因此建议在害虫卵块孵化期投放。选择晴朗的早晨或下午，将赤眼蜂的卵块悬挂于水稻叶片上即可。在成都和嘉兴地区，每年 7—8 月百欧欢服务的水稻种植基地，都会投放赤眼蜂，每亩地投入 1 万头左右。③生物制剂防治：根据病虫的发生情况，百欧欢都会制定全年水稻病虫害生物制剂防治计划，其示例如表1 所示。成都地区因为土地面积较大，且地块不够规整，因此采用无人机喷洒生物制剂。无人机喷洒生物制剂应该注意针对不同类型的药剂选用合理的喷雾喷嘴，同时，应该避免大风天作业。无人机一般在水稻上空 2 m 左右的空中作业，风会造成药剂的飘移，影响防治效果；同时，无人机飞防的药剂浓度一般相对较大，建议在飞防时避免重叠喷药。百欧欢采用自动飞防和人工飞防两种模式共用，自动飞防可更好地判断重叠区，并避免重叠喷药。此外，采用电动式移动喷雾设备，可降低劳动强度，提高工作效率。百欧欢通常会采用加长喷雾管+移动电动喷雾共用的模式。

表1　水稻病虫害周年防治计划示例

防治次数	防治时间	病虫害种类	生物制剂种类	每亩用量	剂型	稀释倍数	备注
第一次	6月25日至7月10日	稻蓟马、稻飞虱、稻瘿蚊	鱼藤酮	60 mL	6%微乳剂	1 500 倍液	水稻处于分蘖期，以预防病虫害为主，用药量较少，浓度偏低
			桉油精（与鱼藤酮二选一）	70 管	可溶液剂	1 000 倍液	
			氨基寡糖素	100 g	3%水剂	1 000 倍液	
			枯草芽孢杆菌	150 g	1 000 亿 CFU/g	600 倍液	
			性诱捕器（稻纵卷叶螟、二化螟、三化螟，根据虫害预报状况布置）	每种1个			
			黄板	7个			

（续表）

防治次数	防治时间	病虫害种类	生物制剂种类	每亩用量	剂型	稀释倍数	备注
第二次	7月20—30日	水稻大螟、二化螟、稻纵卷叶螟、稻蓟马、叶枯病	苦参碱	100 mL	0.5%水剂	1 000 倍液	水稻处于分蘖后期，有病虫害发生，适当调整加大用药量
			苏云金杆菌	120 g	可湿性粉剂	800 倍液	
			短隐杆菌（与苏云金杆菌二选一）	80 mL	悬浮剂	800 倍液	
			小檗碱	100 mL	4%水剂	1 000 倍液	
			香菇多糖	100 mL	3%水剂	1 000 倍液	
			赤眼蜂	1 万头			
第三次	8月10—25日	水稻大螟、二化螟、稻纵卷叶螟、稻飞虱，稻瘟病	苦参碱	100 mL	0.5%水剂	1 000 倍液	水稻处于抽穗前期，根据当年虫害状况，采用3种杀虫剂复配
			鱼藤酮	100 g	6%微乳剂	1 000 倍液	
			枯草芽孢杆菌	100 g	1 000亿 CFU/g	1 000 倍液	
			苏云金杆菌	150 g	3%水剂	600 倍液	
			短隐杆菌（与苏云金杆菌二选一）	80 mL	悬浮剂	800 倍液	
第四次	9月15—25日	二化螟、三化螟、稻纵卷叶螟、稻飞虱、纹枯病、稻瘟病、稻曲病	鱼藤酮	60 mL	6%微乳剂	1 500 倍液	水稻处于灌浆期，病害、虫害发生比例相当，因此杀虫、杀菌剂用量较大，施药浓度偏大
			桉油精（与鱼藤酮二选一）	70 管	可溶液剂	1 000 倍液	
			苏云金杆菌	150 g	3%水剂	600 倍液	
			短隐杆菌（与苏云金杆菌二选一）	80 mL	悬浮剂	800 倍液	
			小檗碱	150 g	4%水剂	600 倍液	
			氨基寡糖素	100 mL	3%水剂	1 000 倍液	

（五）稻田草害综合防控技术

防控草害是有机水稻种植中投入成本最高、劳动强度最大的环节之一，百欧欢采用物理诱草、机械除草、鸭鱼控草、药剂防治和人工拔除等方式防控杂草。

1. 前期诱草

采用耗竭杂草种子库以及利用时间差的模式实现杂草与水稻错位生长，促使水稻提前抢夺田间的生态位，从而达到对草害变相控制的作用。

在水稻插秧前45天开始进行杂草的诱防，每隔15天进行一次田间灌水落水，促使田间杂草长出之后，使用旋耕机或秸秆还田机对田间杂草进行充分粉碎，如此重复操作直至水稻插秧前完成最后一次。通过这种模式把和水稻同时间生长的杂草种子提前诱发并清除，水稻移栽后剩余部分的杂草种子来不及生长，水稻先期占据了生态位，对后发的杂草起到了控制作用。

2. 中期控草

通过前期的诱草模式，水稻和杂草形成了不同的生态位，水稻已经提前生长，而杂草还相对较小，此时引入红萍覆盖，减少水稻底层水体的阳光和空气，降低杂草成活率。同时，还可采取稻鸭共作或稻鱼共作模式，对杂草有极好的控制作用。

3. 机械除草

百欧欢在成都基地采用双行式水稻除草设备，在水稻分蘖后期至抽穗前进行 3 次除草，对行间杂草有极好防除效果。百欧欢计划在上海基地使用 6 行和 8 行除草设备。

4. 药剂除草

针对稻田田埂、道路和非生产区域的杂草，采用天然除草醋 10 倍液在夏季中午进行防治，防治效果很好，但因为除草醋不能除根，因此需要多次防治。除草醋不能用于田间，应用范围较窄。

5. 后期人工除草

通过上述过程的充分实施，百欧欢服务的几个基地的草害基本上能够得到控制，但依然须进行 1~2 次人工除草。主要在水稻生长中期草害最严重时期和采收前采用人工除草。

（六）稻田轮作及休耕技术模式

稻田轮作、休耕是恢复地力和提高土地利用率的重要模式。百欧欢在不同的区域基地采取不同的轮作与休耕模式，包括稻菜轮作、稻油轮作、种植绿肥、深翻休耕等。

1. 稻菜轮作

成都平原的冬季比较温暖，因此适合采用稻菜模式，主要种植品种为甘蓝、花椰菜、马铃薯、胡萝卜、绿叶菜等。正常情况下在水稻收获前 15 天进行甘蓝类等品种的育苗，水稻收获后秸秆还田并进行翻耕，然后每亩施用 1 t 商品有机肥，再进行蔬菜的移栽或播种。轮作期间，可以收获 1 茬甘蓝类或 2 茬绿叶类蔬菜，或者 1 茬根茎类蔬菜。相比传统绿肥种植，每亩可以产出有机蔬菜 1~1.5 t，提高了经济效益。

2. 稻油轮作

稻油轮作在成都平原、长江三角洲地区都是比较常见的做法，这种模式可以实现一年两季收获。百欧欢在成都和嘉兴基地都采取了稻油轮作的模式，油菜品种选择彩色油菜，其不仅可以生产油菜籽，同时彩色油菜形成的大田景观也有利于农场休闲旅游活动的开展。

3. 种植绿肥

在不同区域应选择不同的绿肥品种。在上海地区种植蚕豆作为绿肥，水稻收获后无须翻耕，采用蚕豆直播机直接播种蚕豆，每亩使用蚕豆种子 5 kg 左右。苕子、紫云英等品种在成都和嘉兴应用较多，苕子和紫云英花期的大田景观对于开展休闲农业有一定的辅助作用。

4. 深翻休耕

水稻收获后，喷洒腐熟剂促进田间秸秆腐熟，腐熟完成后在冬季进行深翻，深翻的深度不低于 40 cm。经过一个冬季的休耕不仅可以有效控制部分虫害，同时可以改善土壤的物理结构，有利于春季的种植。

（七）稻田秸秆处理模式

稻田秸秆的处理以直接还田或腐熟还田两种模式为主。

1. 秸秆直接还田

水稻收获时利用收割机的粉碎功能对秸秆进行粉碎处理，粉碎后的秸秆和稻茬采用专用的灭茬还田机还田。灭茬还田机可以将水稻秸秆粉碎成长度不大于 2 cm 的碎粒，然后通过高速旋转将秸秆与土壤充分混合，达到深埋秸秆的作用。

2. 腐熟后还田

水稻收割后放跑马水，并在水中混入秸秆腐熟剂和枯草芽孢杆菌两种菌剂促进秸秆腐熟，15 天后进行还田处理。

（八）稻谷产后干燥技术

1. 适时机械收获

在水稻的完熟期选择适宜的时机收获。上海及嘉兴地区每年 12 月初都会有大雨，因此水稻收获须在 11 月底前完成。收获时水稻的水分控制在 30%~36%。

2. 低温烘干控制含水量

百欧欢在不同基地都选择采用低温烘干的模式。烘干温度设置在

55℃左右，烘干时间为 48 h 左右。烘干后的水分含量根据水稻品种不同而制定不同的标准。长粒型稻米，水分含水量控制在 16% 左右；短粒型或圆粒型稻米水分控制在 14% 以下，这样有利于水稻加工品质的提升。

（九）稻谷存储技术

根据不同基地自身的设施条件，存储方式有所不同，主要分为低温储存和常规储存。如上海和嘉兴地区因为有低温库条件，烘干后的稻谷直接低温保鲜存储，存储温度设置在 5~8℃；有的基地受条件限制，烘干后的稻谷只能常规存储在阴凉通风、温度 15~20℃ 的空间内，夏季到来之前全部完成加工，真空包装储存。

六、集成技术应用成效

百欧欢一方面在企业自有基地对有机稻米产业生产的各关键环节进行实践性研究，形成了十大关键技术集成应用落地方案，另一方面通过百欧欢研究院对外开展技术服务和指导，在国内诸多区域开展以有机稻米生产十大关键技术方案为基础的有机水稻基地建设。

目前百欧欢已经在成都郫都区、湖南长沙县、浙江海宁市、上海浦东新区建设了多个有机生态稻米农场，并因地制宜开展十大关键技术集成应用，推动了当地有机稻米产业的升级。

百欧欢所服务的基地在技术管理、品种创新、品牌建设方面都取得了良好的成效，形成了"宝华有机米""查香米""百欧欢长粒香粳米"等多个稻米优质品牌，百欧欢有机稻米十大关键技术集成应用模式也获得国家稻米精深加工技术创新战略联盟的技术创新奖。

（一）经济效益

通过十大关键技术的集成应用，基地有机稻米的生产能力得到提升，产量持续稳定，生产成本得到有效控制。

以上海地区为例，有机稻谷的亩产量持续稳定在 450 kg 左右，优质大米亩产量 250~280 kg，有机稻米的生产成本控制 13 元/kg 以下，产品的毛利率可以达到 40 元/kg 以上，每亩稻米的经济收益超过 6 000 元；稻鸭共作田块，每亩平均收获成鸭 10 只左右，收益为 1 500 元左右；稻鱼通过共作或轮作模式，每亩可以生产鱼 200 kg 左右，收益为 4 000 元左右；稻虾轮作或共作模式，每亩产小龙虾 150 kg 左右，产值

3 750元左右。综合效益分析，通过有机稻米十大关键技术集成应用，每亩年收入为7 500~10 000元，扣除成本费用，预计每亩净利润为2 500~3 500元。

（二）生态效益

通过十大关键技术的集成应用，推动了当地绿色化生产方式的落地实施。

1. 化肥用量减零

采取有机生产方式，促使当地有机稻田的化肥使用量降为零，每亩有机肥使用量增加超过1 500 kg，促使当地稻田土壤肥力持续提升。

2. 绿色防控技术应用

通过绿色防控技术的集成应用，使得基地生物农药的使用替代有效实施，同时通过保护天敌，构建良好的农业生态系统，使得当地的生物多样性得到有效保护。

（三）社会效益

1. 人才培养

十大关键技术的引入，推动当地农民技术能力与生产水平的提升，百欧欢研究院在当地开展有机农业以及稻米绿色生产技术的培训，累计培养有机稻米生产技术人员300多人。

2. 向市场提供优质有机大米

百欧欢研究院推动多地建设有机生态稻田并通过有机认证，每年向市场提供优质有机大米超过600 t。

3. 开展国际活动，推动中国有机稻米产业国际化

百欧欢研究院联合IFOAM Asia（国际有机运动联盟亚洲部）、中国绿色食品发展中心、中国有机稻米标准化创新发展联盟，组织国内有机稻米的专家、学者和企业家积极参与国际性有机稻米活动。2012年，百欧欢研究院联合中国水稻研究所、中国绿色食品发展中心在成都成功举办了第二届亚洲有机稻农大会，吸引世界有机稻米界的企业参与论坛、稻米品鉴等活动，向全世界介绍了中国的有机稻米的产业发展态势，同时也让中国有机稻米企业了解国际稻米产业的发展，并在此之后多次组织稻米界专家、企业家赴国外和我国台湾学习。

2018年，百欧欢研究院曹乃真副院长协同中国有机米标准化生产创新发展联盟的金连登执行主席，共同带领中国有机稻农及专家团赴菲律宾参加第六届亚洲有机稻农大会，组织6位有机水稻技术专家和企业家在论坛发表主旨演讲，向世界阐述中国有机稻米发展情况，同时也推动了有机稻米十大关键技术集成应用模式首次在国际亮相，促进中国有机稻米产业向国际化迈进。

4. 打造有机稻米科普馆，推广有机稻米十大关键技术集成应用模式

百欧欢研究院在开展有机稻米技术推广的同时，积极扩展各种稻米宣传展示工作，在上海浦东新区建立首个稻米知识科普馆——稻花香里馆，依托生态景观稻田和稻花香里馆，向公众介绍中国有机产业的发展情况以及十大关键技术集成应用情况，得到上海市与浦东新区领导的赞赏以及上海市民的认可。

5. 开展有机稻米十大关键技术相关活动

2018年在上海开展有机稻米十大关键技术集成应用成功模式华东稻区现场会，向有机稻米界专家和企业家介绍百欧欢十大关键技集成应用与模式创新的经验。

七、集成技术应用成果延伸

（一）以技术服务模式推动十大关键技术落地实施

以百欧欢研究院对外服务能力为支撑，将有机稻米的十大关键技术进行整合，形成了"百欧欢种植标准体系——有机水稻十大关键技术集成应用模式"，在对外服务过程中将技术体系在不同区域推广，目前已经形成了上海、长沙、成都、嘉兴等多个地区的应用示范，取得了积极的成效，为当地稻米产业带来可观的经济、生态和社会效益。

百欧欢通过经验总结和技术积累，不断地推动有机稻米十大关键技术集成应用模式在全国范围内的推广和应用，为中国有机稻米产业的标准化、技术化、集成化发展贡献积极力量。

（二）以技术为支撑，打造有机生态全链条产业，助力乡村振兴

乡村振兴，产业为先，百欧欢研究院一直坚持以农业产业服务为根基，助力乡村振兴。例如，浦东新区川沙新镇七灶村，是上海市第四批乡村振兴示范村，以稻米和蔬菜种植为主，为了推动七灶村稻米产业的升

级，百欧欢研究院对七灶村 100 hm² 的有机稻田进行全面规划，以十大关键技术集成应用模式，助推七灶村完善生产体系的构建，为有机生态村的打造注入了技术活力。

（三）社会认可

2021 年，百欧欢研究院因其长期在有机产业上的贡献，获得中国首个"世界有机勋章"，这是中国有机产业第一次获得国际性奖项，也是世界有机界对中国有机产业的认可。

2021 年，百欧欢研究院"有机稻米十大关键技术集成应用模式"项目获得国家稻米精深加工技术创新战略联盟颁发的"技术创新奖"。

百欧欢研究院为其服务企业筛选的稻米品种上师大 19，2019 年在中国绿色食品发展中心举办的中国有机稻米品鉴大会上获得金奖，2022 年在浙江嘉兴举办的"首届国稻有机米联杯"全国有机稻米优佳好食味品鉴评选争霸赛中获得金奖。

（编写人：宋元园 田月皎 权建设）

镇江市天成农业科技有限公司——稻鸭共作技术在水稻有机栽培中的应用

一、企业概况

镇江市天成农业科技有限公司（以下简称天成公司）是江苏省科技型企业、国家海智镇江基地、国家稻鸭共作引智示范基地、江苏省发酵床养殖引智示范基地、镇江市农业科技示范园。

天成公司主要从事稻鸭共作役用鸭的研究、生产，以及稻鸭共作技术的研发、推广，其役用鸭及稻鸭共作技术除在江苏省内推广应用外，还推广到上海、浙江、安徽、河南、新疆等地。2000—2023 年，该公司累计向上述地区提供稻鸭共作役用鸭 100 余万只，直接服务面积达 1 万 hm^2。

天成公司先后承担了多个国家、省、市级科技计划项目，4 项成果达国内领先水平，1 项成果达国际领先水平。"基于鸭—稻—萍模式的水稻高产、可持续栽培研究与示范"获国家星火计划立项，并先后获国家、省引智项目立项。"稻鸭共作技术"通过省级鉴定，成果国内领先，获镇江市科技进步奖一等奖、江苏省农业技术推广奖三等奖、国家产学研合作成果创新奖；镇江市农业科技项目"役用鸭配套组合的选育"，成果国内领先，获镇江市科技进步奖二等奖；"发酵床养猪技术的研究与应用"项目成果国内领先，获镇江市科技进步奖一等奖；"零日龄放鸭在稻鸭共作中的应用"项目通过鉴定，成果国际领先。同时，出版了稻鸭共作技术专著 3 本，发表相关论文 100 余篇。天成公司拥有国家专利 20 件，其中发明专利 2 件。

天成公司成功抢救保护了古老珍贵品种乌嘴白羽凤头鸭，恢复了与古代文献记载相一致的乌嘴白羽凤头鸭种群数千只，使其在消失 300 余年后又重新焕发生机。2018 年 12 月，该品种通过了国家畜禽遗传资源委员会鉴定并正式被冠名为凤头白鸭，2020 年 5 月，该品种被国家畜禽遗传资源委员会列入《国家畜禽遗传资源品种名录》。2021 年，该品种被列入《江苏省畜禽遗传资源品种保护名录》。天成公司被认定为目前全国唯一的凤头白鸭保种单位。

二、生产、科研团队状况

自 2000 年从事稻鸭共作技术的研究推广以来，天成公司与日本鹿儿岛大学、日本稻鸭协会、日本自然农业协会等建立了长期良好的合作关系。先后聘请了日本稻鸭协会万田正治、岸田芳郎，日本自然农业协会姬野右子等为公司顾问，多次邀请国外专家来天成公司考察、交流、工作，并多次赴日本、韩国考察交流。

经江苏省科技厅、教育厅认定，天成公司成为扬州大学的研究生工作站，与扬州大学的专家建立了长期的合作关系。

同时，天成公司有一个经全国总工会认定的全国劳模创新工作室，由 12 位农业劳模专家组成，专业涉及农业管理、生态农业、植物栽培、植物保护、畜牧兽医等。

天成公司科技带头人戴网成是农业技术推广研究员、正高级乡村振兴技艺师。

三、技术服务模式

天成公司以经育雏驯水后可直接下田的役用鸭为抓手，和高校、政府推广机构等合作，通过培训、观摩、技术讲座、上门指导、线上咨询等措施，确保稻鸭共作技术的成功应用。

2002 年，天成公司"役用鸭配套组合的选育"项目通过鉴定，专为稻鸭共作技术选育的两个杂交鸭组合成果达国内领先水平，2004 年获镇江市科技进步奖二等奖，其杂交后代抗逆性强、田间活动时间长、动作灵活、田间成活率达到 95% 以上，确保了稻鸭共作除草、灭虫、施肥、中耕浑水和刺激生长效果的发挥。

由于长期的农牧分离，我国种植水稻的农民对鸭的养殖很陌生，特别是在水稻插秧前要育秧、整田等，没有时间和精力开展役用鸭的育雏和驯水工作。为了更好地推广稻鸭共作技术，天成公司在 2017 年建设了稻鸭共作专用鸭育苗基地，每年 5—7 月能生产经育雏驯水可直接放入稻田的役用鸭 20 万只。在农户完成插秧 10 天后，天成公司派专家将经育雏驯水可直接放入稻田的役用鸭送到田头，并给予现场指导。

近年来，天成公司和扬州大学等单位合作，在江、浙、沪、皖、豫等地推广稻鸭共作技术 3 万 hm²，2023 年获农业农村部农牧渔业丰收奖三等奖，戴网成获农牧渔业丰收奖贡献奖。

四、稻鸭共作技术在水稻有机栽培中的意义

稻鸭共作继承了中国传统农业的精华，充分合理地利用了资源，保护了环境，开辟了水稻、水禽可持续发展的新途径。中国是水稻生产大国，也是鸭生产大国，稻鸭共作实现了这两个优势产业的强强联合。同时，中国也是稻米和鸭的消费大国，安全优质的大米、鸭肉（蛋）有着巨大的消费市场。稻鸭共作发展前景广阔。

稻鸭共作技术是利用役用鸭的杂食性，吃掉稻田内的害虫，除掉稻田内的杂草，利用鸭不间断的活动刺激水稻生长，产生中耕浑水效果，同时，鸭的粪便可作为肥料还田。鸭为水稻除虫、除草、施肥、刺激、松土，而稻田为鸭提供活动、休息的场所，以及充足的水、丰富的动植物饵料，两者相互依赖、相互作用、相得益彰。稻鸭共作技术在不使用化肥、农药、除草剂的有机水稻栽培技术应用前提下，生产出优质、安全的稻米和鸭肉，具有积极意义。

五、稻鸭共作技术的关键点

近年来，稻鸭共作技术在我国水稻产区得到了大面积的推广，开辟了水稻、水禽生产的新途径，是生产绿色、有机大米和鸭肉有效的方法。但是，由于长期的农牧分离，我国水稻产区的农民对水禽养殖特别是对鸭的育雏懂得很少，这给稻鸭共作技术的推广带来一定的困难。天成公司从 2000 年开始致力于役用鸭的研究、生产，向农户提供经育雏驯水后可直接放入稻田的苗鸭，受到了农户的欢迎。役用鸭育雏的关键技术和役用鸭的田间管理技术如下。

（一）鸭品种的选择

水稻移栽后（机插秧 10～12 天，人工插秧 7～8 天）要及时放入鸭苗，放迟了就会发生草害和虫害。此时秧苗较小，只能放入 7～9 日龄的雏鸭，对秧苗才没有伤害。雏鸭放入稻田要经受日晒夜露、狂风暴雨、天敌危害等，因此，稻鸭共作技术对鸭苗的要求较高。

（1）小型鸭放入稻田后要在水稻行间穿行；大型鸭不利于行间穿行，

同时，大型鸭懒于活动，在田工作时间少，大部分时间在田埂上休息。

（2）小鸭放入稻田后，完全野外生活，因此要野性强、生活力好、抗逆性强、活动力强，才能有很高的田间存活率和较好的役用功能。

（3）鸭子放入稻田后将一直生活在水田里，因此必须有较好的耐水性。

（4）鸭子从稻田起捕后，就要及时上市销售，选择肉品质好的鸭子，能增加效益。

我国是世界上鸭品种资源最丰富的国家之一，目前被列入《国家畜禽遗传资源品种名录》的品种有 37 个，大致分为肉用型、蛋用型和肉蛋兼用型。肉用型鸭体形硕大，行动迟缓，不适合用于稻鸭共作技术；兼用型鸭体形偏大，在水稻栽插密度较小的稻田尚可使用，但在水稻栽插密度较大的稻田，由于穿行困难不适合使用；蛋用型鸭体形偏小，是稻鸭共作技术应用较多的鸭品种，但有些品种体型太小，起捕上市后没有商品性。此外，有些品种不便于田间管理，田间成活率低。

针对稻鸭共作适宜的鸭品种，天成公司从 2001 年就开展了这方面的研究应用，并培育出适合稻鸭共作的役用鸭系列杂交品系，通过多次耐水性试验、耐受能力极限试验、田间行为观察、水稻田役用效果对比，筛选出役用鸭、金定鸭、高邮鸭等适合稻鸭共作的鸭品种。

（二）役用鸭育雏关键技术

1. 场地选择

选择地势高燥、地面略向南倾斜、利于排水的场地，宽度 16 m 左右，长度根据规模而定。

2. 大棚及加温设施的准备

塑料大棚育雏简便易行，不需要房舍，成本低，育雏效果好，特别是通过调节裙膜的高度，可以有效地调节舍内的温湿度，只需在进雏的前几天棚内接上电源，每 15 m² 安装 250 W 红外线灯泡 1 只（长江中下游地区），稍加温度即可，可以节省能源。采用 6~8 m 宽的钢管大棚，按要求搭建，棚顶先覆一层农用薄膜，再覆两层遮光率 95% 的遮阳网，两头山墙用薄膜封死，并留好门以便人员出入，前后沿两边安装好裙膜，最好安装摇膜器，以利操作。棚内地面要比棚外地面高出 0.10 m 左右，以防下雨时雨水进入棚内。运动场地面要整平夯实。棚后要挖排水沟，以利排水。

运动场要栽植落叶乔木以利遮阳。在运动场的最南端建一深度

0.40 m左右、宽度1.50 m左右、长度与育雏舍相等、略向一头倾斜的水沟，水沟与运动场的连接处做成斜面，以利雏鸭上下，水沟最好用水泥制作成固定沟，也可用塑料薄膜铺垫。在水沟较高的一头接上安全性好的进水阀门，较低的一头做好可控排水口。棚内24 m²左右一间，用高0.3 m、网孔1.5 cm×1.5 cm左右的网片进行分割，也可用木板、砖块等进行分割，每个单元与运动场用小门连接。接好220 V的电源，每间安装3只250 W的红外线灯泡，灯泡离地面高度0.30 m左右，并随着苗鸭的长大，逐渐抬高。

3. 饲喂用具和饲料的准备

（1）饮水器。一般采用容量为3 kg的塑料塔式真空饮水器，使用时将贮水塔注满水后盖上底盘，倒置后水即从水塔小孔流出，当底盘水面淹没小孔时水流停止。1只容量为3 kg的饮水器可供100只雏鸭饮水。

（2）饲料台。可将饲料编织袋拼成边长为0.8~1 m的正方形饲料台，再用0.02~0.03 m厚的竹片或竹竿，围在饲料台四边的下面，以防止饲料随着雏鸭的活动而外溢。所有饲喂用具都应清洗、消毒、晒干后再使用。

（3）垫料。棚内地面铺上0.05~0.1 m厚的稻壳，垫料在使用前要放在太阳下暴晒后才能使用。

（4）饲料。在进雏前要备足营养水平符合雏鸭生长发育要求的优质饲料，没有饲料加工条件的育雏农户，可以购买资信程度较高的规模饲料厂生产的肉小鸭前期料或肉小鸡前期料。

4. 育 雏

（1）选择正品雏鸭。雏鸭的选择对于役用鸭来讲尤为重要。因为役用鸭的饲养不是以生产鸭肉为主要目的，而是以为水稻服务为主要目的。弱雏除了在育雏过程中会死亡外，在放入稻田时，也会死亡，即使不死，其生活能力也很差，不能起到为水稻除虫、除草、中耕浑水、刺激生长的作用，应予以淘汰。雏鸭的挑选一般可参考以下标准。①出壳时间：正品雏鸭都在正常的孵化期内出壳，一般出壳较迟的为弱雏（俗称扫摊雏）。②绒毛：正品雏鸭绒毛整洁、有光泽、长短整齐；弱雏绒毛蓬乱污秽、缺乏光泽，有时会短缺。③体重：正品雏鸭大小均匀、体形匀称；弱雏鸭个体较小，抓在手里没有分量。④活力：正品雏鸭眼睛有神、活泼、反应快，抓在手里不停地挣扎，叫声清脆响亮；弱雏鸭眼神痴呆、反应迟钝、站立不稳，抓在手里很少挣扎，叫声嘶哑无力。⑤脐部：正品雏鸭脐部愈合良好、干燥，脐上覆盖绒毛；弱雏鸭脐部愈合不良，有黑疤（俗称钉脐）或脐孔很大，有黏液、带血或卵黄囊外露，无绒毛覆盖。⑥腹部：正品雏鸭腹部大小适中，触之柔软；弱雏鸭腹部膨大，触之有弹性。

（2）提前加温。雏鸭未进育雏场之前要提前 3~4 h 打开红外线灯升温预热，开始时红外线灯泡的高度以 30 cm 左右为宜，随着雏鸭日龄的增加，逐渐提高灯泡高度，温度过高雏鸭容易扎堆，过低灯泡易损。

（3）提前加水、加料，泳池注水。长江中下游的插秧季节大多集中在 6—7 月，气温较高，因此须补充足的饮水。每 100 只雏鸭安装一只容量为 3 kg 的塑料塔式真空饮水器，装满清洁的饮水，同时，安装一个 0.15 m² 的食台，放好饲料。在鸭泳池内注满清水。第一天应根据雏鸭的分布情况均匀摆放饮水器，使每只雏鸭都能尽快地找到饮水，因为 1 日龄雏鸭识别和寻觅能力较差，一旦找不到水，会很快脱水，造成死亡。第二天以后为了便于管理并保持垫料干燥，可将饮水器放在大棚靠南边的一侧。1 日龄后雏鸭饮水采食后识别和寻觅能力增强，能很快地找到饮水和食物。

（4）饲养密度。以每平方米舍内面积放养 25~30 只雏鸭为宜。

（5）育雏。如进雏鸭当天是阴雨天，可将雏鸭放入育雏舍内育雏。如进雏鸭当天是晴天，可预先在运动场上设置好食台，投放饲料，把运动场和育雏舍的小门打开，然后将雏鸭直接放在运动场上，任由雏鸭自由进入泳池、采食饲料和进入育雏舍。下午太阳落山时将雏鸭赶入育雏舍。上午太阳出来后即打开育雏舍小门，让雏鸭自由出入。一般是将制作的食台摆放在靠近大棚南边一侧 1/4 处，这样既便于饲养人员操作，同时又在喂食时不干扰鸭子休息。如采用破碎料饲喂，可将饲料直接倒在食台上；如采用粉料饲喂，可将粉料略加一点水搅拌，干湿程度以用手抓一把料，捏紧后能成团，放开后能散开为宜。第一次喂食，饲喂量不能太多，以防饲料变质和造成浪费。4 日龄时可将饲料台改成 55 cm×37 cm×7 cm 的塑料托盘。

（6）开青。在育雏期间尽可能喂给雏鸭一些切碎的青绿饲料，训练雏鸭采食青草的能力。在育雏的全过程中，必须保证雏鸭昼夜有清洁、充足的饮水，不能间断。雏鸭 1 周龄内，食台上始终要有饲料，供鸭自由觅食，做到少喂、勤添，以免造成浪费。通过 7 天左右的饲养，役用鸭在水中运动嬉戏活动自如、水不沾毛，即可放入稻田。

（三）役用鸭的田间管理技术

1. 稻鸭共作技术对水稻田的要求

（1）选址。用于稻鸭共作的田块，必须远离工业污染，远离村镇，地势较为平整，水源充足，无污染。

（2）独立水系。稻鸭共作要求用水要独立，水源不能经过常规田块，并和常规栽培田块之间有一定缓冲区，否则，在常规田块治虫、治草时易污染稻鸭共作田块，造成鸭子生病甚至死亡。

（3）稳定的水源、较好的保水性。鸭子放入稻田后直至起捕，稻田内一直要有水，这样才能保证鸭子在田间的正常工作，才会有良好的除草、浑水效果。

（4）插秧前稻田要基本整平，否则地势高的地方会形成草害，地势低的地方鸭子会集群休息导致损伤秧苗。

2. 水稻田的准备

在水稻插秧的同时，要圈好围网、初放区，搭好简易棚。

根据多年的试验，稻鸭共作每个田块单元面积以 $0.33 \, hm^2$ 为宜，面积太大导致鸭群体太大，容易对秧苗造成损害。每个单元应用聚乙烯网围好，防止鸭群外逃，围网的网眼应小于 $2 \, cm \times 2 \, cm$，围网高度以 $1 \, m$ 为宜。

在田块的一角按每亩约 $1 \, m^2$ 的面积搭一高 $1.5 \, m$ 左右的简易棚，雏鸭在遇到大风、大雨或烈日等恶劣天气时能够躲避，同时饲喂的饲料不会因雨淋而流失。在鸭棚及水田间围一个 $10 \sim 15 \, m^2$ 的雏鸭初放区。

3. 接雏前的准备工作

（1）准备好充足的优质肉雏鸭饲料或肉小鸡料（按每只鸭 $0.75 \, kg$ 计）。

（2）准备好充足优质、干燥、无霉变的小麦等原粮饲料，或符合稻田鸭生长发育所需的配合饲料（按每只鸭 $8 \, kg$ 计）。

（3）稻田早期要保持 $0.04 \sim 0.05 \, m$ 的水层，后期要保持 $0.06 \sim 0.1 \, m$ 的水层。

（4）检查初放区、大田围网是否有漏洞，以防役用鸭外逃。

4. 放鸭入稻田

水稻移栽后（机插秧 $10 \sim 12$ 天、人工插秧 $7 \sim 8$ 天）按照每亩水稻田

15~20 只放入鸭苗。

（1）关闭初放区通往大田的小门。

（2）在简易棚的一边用 2 个饲料编织袋拼成一个食台，食台的四边用砖头或木棍垫高以防雏鸭采食时饲料外溢，造成饲料浪费。

（3）水稻人工插秧 7~8 天后、机插秧 10~12 天后，即可将 7~9 日龄已驯水成功的役用鸭放入稻田的初放区。注意鸭龄和水稻秧龄要匹配，如放入过大的鸭子会对秧苗造成很大伤害。

（4）雏鸭在初放区养殖 2 日后放入大田，但初放区的围网不要拆，只在其和大田相连的地方开一小门即可，以便在捕捉鸭子时使用。

5. 役用鸭的田间管理

（1）役用鸭的饲喂量。①雏鸭在放入有机稻田后，一周内应常备饲料，即饲料台上始终有饲料供雏鸭补充进食。②7 月 8—28 日每日喂 2 次，7 月 28 日至 8 月 20 日每日喂一次，每次以鸭子都吃饱后饲料台上有适量的余料为宜，这种方法养出来的鸭子整齐度好、成活率高。③8 月 20 日以后到起捕前的养殖阶段，每日可补充以有机稻米加工副产品为主的食料饲喂，达到催肥稻田鸭的目的，鸭子起捕后即可上市。

（2）役用鸭的日常管理。① 饲养人员在饲喂饲料时动作要轻，同时嘴里要发出"呱呱呱"或"呷呷呷"的声音来安抚鸭子，并形成条件反射，以便日后管理鸭群。如稻鸭共作技术应用面积较大，可用哨音、音乐或敲击声来调教鸭群。饲料必须无污染、不霉变。当鸭群来吃食时要观察鸭群的动态，如鸭群整齐度不好、大小不均是由于饲料喂得太少，强的吃得多、弱的吃不饱；如发现有少量鸭子掉队或走不动路，要特别注意鸭子是否生病，有病要及时发现、及时治疗。②坚持每天巡田，检查围网是否有破损的地方，田里的水是否减少，鸭子是否正常，是否有病死鸭等，发现情况及时处理。

6. 鸭的起捕销售

鸭子应在水稻扬花灌浆之时起捕销售。此时如不起捕，鸭有可能吊吃稻穗。在饲喂鸭子时将鸭呼唤至初放区，将初放区放鸭入大田的网门迅速关闭，把鸭全部关在初放区内，然后将鸭捉出销售。如使用的是天成公司的鸭苗，可将公鸭出售，母鸭留下产蛋，所产青壳蛋极受市场欢迎，一鸭三用（役用、蛋用、肉用）提高了经济效益。

7. 役用鸭的疫病防控

（1）要选用正规厂家生产的苗鸭。①正规厂家在种鸭预留种蛋前对鸭瘟、禽流感、鸭肝炎等传染病都进行了强化免疫，小鸭阶段有较强的母源抗体保护。②正规厂家在育雏驯水、暂养、运输时都有严格的操作规程。

（2）驱赶野鸟。野鸟往往是疫病的传染源，但野生鸟类又是保护对象，因此可采用驱赶的办法。

（3）稻田内要保持一定的水位，特别是中大鸭阶段要保证 6 cm 以上的水位。

（4）要坚持每天巡田，鸭子刚开始生病时少量鸭子没有精神，特别是在喂饲料时，有些鸭子落在后面，有些鸭子行动迟缓，爬不上食台，这时就要注意及时治疗。

（5）田里一旦发现有死鸭要及时拣出，否则健康鸭子吃了死鸭子腐烂生出的蛆虫，就会发生肉毒梭菌病而造成整单元的鸭子全部死亡。

（6）严格执行禽流感和鸭瘟的免疫程序。

8. 役用鸭常见病防治

（1）鸭病毒性肝炎。鸭病毒性肝炎又名雏鸭肝炎，是雏鸭的一种急性、接触性、病毒性传染病，主要病变为肝脏肿大以及有出血斑点，主要发生于 3 周龄以内的雏鸭。该病具有发病快、传播快、病程短、致死率高的特点，其特征性症状为全身抽搐、运动失调、身体倒向一侧、头向后仰、角弓反张。防控方法：①母鸭开产前进行两次强化免疫。②发生该病时采取紧急预防措施，注射高免雏鸭肝炎血清或高免雏鸭肝炎卵黄抗体，可控制该病的流行。

（2）鸭传染性浆膜炎。鸭传染性浆膜炎的病原是鸭疫巴氏杆菌，是一种接触性传染病，对稻鸭共作危害较大。目前认为野生水禽是传播媒介。该病特征性症状及病变为精神委顿、闭目嗜睡，在稻田内无力上埂因而大部分死在田埂边。眼、鼻流出浆液性或黏液性分泌物，常使眼周围羽毛粘连，全身浆膜表面呈纤维素性炎症。防控方法：可选择注射试制疫苗等措施。

（3）鸭肉毒梭菌毒素中毒。鸭肉毒梭菌毒素中毒是鸭采食了含有肉毒梭菌毒素的食物引起的急性致死性疾病。主要是由于水稻田内的死鱼或死鸭没有及时清除，在田内腐败，肉毒梭菌大量繁殖，出蛆后鸭采食了蛆虫而发病致死。该病特征性症状及病变为鸭群突然发病、死亡，精神萎顿，食欲废绝，头颈、翅膀和两腿发生麻痹，头颈着地不能举起，因而又称"软颈病"。防控方法：目前还没有特效药，主要防控措施是要坚持每日巡田，及时清除田内的死鱼、死鸭等死亡动物。

（4）营养代谢病。营养代谢病是由于饲料中营养元素不平衡引起的疾病。稻鸭共作中人们对鸭的早期管理较重视，到了中后期认为鸭子长大了饲料差一点无所谓，大部分饲料是瘪稻等水稻加工副产品，但各个稻田内食物的营养含量不同，部分稻田的鸭子采食饲料单一，在稻田内又得不到营养补充而发病。该病特征性症状及病变为鸭明显消瘦、发育不良、不愿行走、跛行、畸形、死亡率增加。防控方法：鸭的饲料要注意各种营养元素的平衡。

（编写人：胡敏　戴网成　沈晓昆）

馥稷生物科技发展（上海）有限公司——以生物源农药研发与应用为主 开展有机水稻病虫害防控技术推广服务

一、企业概况

馥稷生物科技发展（上海）有限公司（以下简称馥稷公司）成立于2011年，是集生物农药研发、生产、销售于一体，提供以生物防治技术及产品集成为核心的综合防控方案，服务现代生态农业的综合性高新技术企业。该公司始终秉持首席科学家张兴教授于2008年提出的"植物保健、和谐植保"有害生物综合防控理念，致力于保护生物多样性，促进农业的可持续发展，保障农产品质量安全，努力实现"清润天地、康健民生"的美好愿景。旗下杨凌馥稷生物科技有限公司是致力于生物农药创制与技术集成及产业化开发的生物技术密集型国家高新技术企业；上海馥稷农业发展有限公司是从事馥稷生物科技发展（上海）有限公司出品的农业生产资料销售以及技术服务的国家高新技术企业、上海科技型中小企业。

馥稷公司已获得国家农药生产、农药经营许可证，具备规模化生产和质检条件，拥有植物源农药（包括植物源母药提取）及矿物源农药6种剂型（可溶液剂、水剂、水乳剂、微乳剂、可湿性粉剂和乳油）的加工生产能力，年产制剂2 000 t以上；获农药正式登记证11个，其中植物源农药9个（含母药1个）、矿物源农药1个；获肥料正式登记证7个；拥有授权发明专利22件。产品每年都经过专业有机认证机构开展有机农业生产资料评估，连续获得南京国环、杭州万泰、华夏沃土、爱科赛尔等国内外权威有机认证机构的投入品评估证书，均可应用于有机水稻生产。

馥稷公司开发的多款植物源药剂对水稻病虫害都有较好的防治效果，如0.5%藜芦根提取物可溶液剂可用于稻飞虱、稻叶蝉的防治；0.3%苦参碱水剂、1.5%除虫菊素水乳剂可用于稻纵卷叶螟、稻苞虫、钻心虫等防治；0.4%蛇床子素可溶液剂可用于稻蓟马的防治；0.5%小檗碱水剂、0.5%虎杖提取物、0.4%蛇床子素杀菌剂等可用于水稻病害预防等。其中，0.5%藜芦根茎提取物可溶液剂于2019年荣获第二十六届中国杨凌农业高新科技成果博览会"后稷奖"，2022年入选"绿色高质量农药产品名单"，并连续多年为江苏省、上海市、浙江省等省市的绿色防控推荐产品；0.4%蛇床子素可溶液剂、1.5%除虫菊素水乳剂、99%矿物油乳油入选2022年度"中药材有害生物绿色防控产品目录"等。

二、企业团队综合实力

为开展持续性的研发工作，馥稷公司已配备植物源农药、肥料等产品检测、研究所需要的仪器设备和专业队伍。目前在册员工50名，其中，博士4名，硕士4名，大学本科及大专学历28名。自有研发团队中，从事团队管理、产品开发、分析测试、应用示范等工作的成员共有15人，其中4人具有高级职称。

馥稷公司产品研发工作由国家公益性行业科研专项"生物源农药创制与技术集成及产业化开发"首席专家、西北农林科技大学张兴教授引领，依托西北农林科技大学陕西省生物农药工程技术研究中心（以下简称研究中心）开展。研究中心为国家级生物农药研发团队，近10年来，先后主持承担国家级、省部级项目及横向合作项目150余项，申请发明专利127件，获专利授权85件，发表学术论文700余篇，其中SCI收录论文130余篇。馥稷公司与研究中心开展产学研合作，已主持或参与国家级、省部级科研项目16项，研究范围涉及生物源农药、生物药肥产品的研发、产业化开发和示范推广。依托研究中心的技术支撑，馥稷公司在植物源农药、生物药肥等产品的研究开发和产业化推广方面开展了大量创新性工作，先后开发出多个植物源高效杀虫、杀菌、除草和保鲜产品，所开发产品普遍具有不污染环境、不伤害天敌、不易产生抗药性、对人畜安全、对作物无害、一药多用等特点，同时，可刺激作物生长，提高免疫力。

三、植物病虫害综合防控理念

在自有登记证产品的基础上，馥稷公司与国内顶尖的生物农药科研院所和生产研发企业紧密合作，整合优秀生物农药产品资源，包括微生物农药、糖农药、蛋白农药、天敌生物、信息素等，并开展应用技术集成及试验示范，创新性提出"全程生物综合防控技术"并实现了规模化应用。该技术基于"植物保健、和谐植保"的有害生物综合防控理念，以农作物栽培管理为主线，强调构建"种质资源为根本、土壤健康为基础、植株营养为保障、植株健康为效益、栽培管理为手段、植物保护为辅助"的技术应用体系，并针对作物主要病虫草害，在关键节点上将以生物农药为主的多种非化学防控产品和手段配合使用，结合水肥管理措施，辅以科学、标准化的农事操作，形成从种到收化学合成农药零使用的全程生物综合防控体系。

四、水稻病虫害生物防控集成技术

（一）种子处理技术

针对直播和移栽插秧不同种植方式，馥稷公司提供拌种与浸种两种用药方案。

1. 适用拌种方式的药剂方案

以补骨脂种子提取物可溶液剂为拌种药剂，按照 20 mL 拌种药剂可拌 5 000 g 种子的剂量施用。先将原药按照 1∶10 的比例加水稀释配制成拌种药剂，然后将精选过的种子与拌种药剂充分搅拌，保证拌种药液能够均匀分布到种子表皮，待种子阴干后进行播种，适用于直播栽培的水稻基地。

2. 适用浸种方式的药剂方案

以枯草芽孢杆菌或多黏类芽孢杆菌搭配植物免疫增产蛋白为浸种药剂，按照 1 000 亿 CFU/g 枯草芽孢杆菌 1 000 倍液复配植物免增产蛋白（多科特）1 000 倍液，加入种子重量 1.3~1.4 倍的清水配制药剂。在日平均气温 18~20 ℃时，保证浸种时间不少于 60 h（须根据当地温度高低调整浸种时间）。浸种后的种子可直接进行催芽或阴干后播种，适用于育秧栽培的基地。浸种后的药液不可以重复浸种使用，但可以直接泼浇在苗床上。

通过生物药剂拌种或浸种处理，可以有效杀灭种子表皮的有害菌，诱导种子抗逆性，提高种子发芽率，有效降低秧田期水稻立枯病、恶苗病等病害的发生风险。

（二）秧田壮秧防病技术

种子进行有效处理后，育秧基质中加入复合微生物菌剂，也能辅助防控苗期病害。馥稷公司使用以哈茨木霉为主的复合微生物菌，按照

1：1 000的比例与苗床土混拌，进行育秧，起到较好的预防作用。水稻移栽前7~10天，喷施送嫁药，用植物免疫增产蛋白1 000倍液复配补骨脂种子提取物500倍液，喷施1~2次，间隔4~5天，喷雾时做到均匀周到，提高秧苗抗病性和抗逆性。同时，馥稷公司开发的植物免疫增产蛋白是以腐植酸为载体，为秧苗提供充足营养，促进秧苗生长，起到复壮提质的效果。

（三）大田病虫害综合防控技术

馥稷公司通过区域田间调查，结合病虫害发生周期状况，建立以"三虫三病"为主的基本防控目标，从水稻全生育期综合考量，明确各关键阶段防控对象。在种植过程中，通过实地走访、技术指导等及时调整用药方案，针对性解决基地主发、重发病虫害，降低可能因病虫害暴发带来的减产风险。

1. 适用生物制剂

水稻主要病虫害防控的生物制剂见表1。

表1　水稻主要病虫害防控的生物制剂

防治对象	防控药剂
稻飞虱、叶蝉	藜芦根茎提取物、除虫菊素、鱼藤酮、绿僵菌
稻纵卷叶螟、螟虫类	蛇床子素杀虫剂、苦参碱、印楝素、苏云金杆菌、甘蓝夜蛾病毒
稻瘟病	补骨脂种子提取物、小檗碱盐酸盐、虎杖提取物、枯草芽孢杆菌
纹枯病	蛇床子素杀菌剂、木霉菌
稻曲病	小檗碱水剂
白叶枯病、细菌性条斑病	小檗碱盐酸盐、补骨脂种子提取物、多黏类芽孢杆菌

2. 防控时期及防控方案（以华东地区粳稻用药为例）

分蘖初期：重点防控本地稻飞虱、苗期叶瘟。水稻移栽返青后开始进入快速生长期，抗病性逐渐增强，这一阶段病虫害相对较轻，如有本地稻飞虱虫源且连续阴雨天气多，可以使用0.5%藜芦根茎提取物400~500倍液复配1 000亿CFU/g枯草芽孢杆菌800倍液进行防治。

分蘖末期：重点防控稻飞虱、叶瘟、纹枯病。可选用1.5%除虫菊素水乳剂400倍液防治稻飞虱兼防稻纵卷叶螟、钻心虫等鳞翅目低龄幼虫，用0.4%蛇床子素可溶液剂400倍液防治纹枯病，用1 000亿CFU/g枯草芽孢杆菌 800 倍液防治叶瘟。注意药剂应喷施到植株茎基部及叶片正反面。

孕穗拔节期至破口前：重点防控稻纵卷叶螟、螟虫、纹枯病、稻瘟病。可选用 1.5%除虫菊素 400 倍液复配 32 000 IU/mg 苏云金杆菌 500 倍液防治稻纵卷叶螟、钻心虫等鳞翅目害虫；用 0.4%蛇床子素 400 倍液复配 1 000 亿 CFU/g 枯草芽孢杆菌 800 倍液防治纹枯病、稻瘟病等。根据情况防治 1~2 次，重点在破口前 7~10 天打好破口药。穗颈瘟高发区域可在打破口药时加入补骨脂种子提取物 500~600 倍液；稻曲病高发区域，可在打破口药时复配小檗碱水剂 400 倍液。

破口期至齐穗期：重点防控稻纵卷叶螟、螟虫、稻飞虱、穗颈瘟。可选用 1.5%除虫菊素复配补骨脂种子提取物、小檗碱水剂，这一阶段是对破口药的强化。

灌浆期：重点防控稻飞虱、稻曲病。可选用 0.5%藜芦根茎提取物 500 倍液复配 0.5%小檗碱水剂 400 倍液。如遇后期连续阴雨，须加大防控力度。

在全程生物用药的基础上，可以考虑安放诱捕器及性诱剂、投放天敌昆虫等辅助手段，有助于虫害监测及防控。

（四）大田施肥技术

馥稷公司选择以茶粕、棕榈粕等植物性原料为基础原料生产的高效生物有机肥（534 配方）300 kg 作为底肥，在返青分蘖期和拔节孕穗期追施氨基酸颗粒（704 配方）15 kg 及叶面喷施植物免疫增产肥 2~3 次，基本可以满足有机水稻生产用肥需求。

（五）秸秆处理技术

水稻秸秆处理不善，尤其在病害发生较重的田块，病菌落入土中会给翌年水稻生产带来较大影响。馥稷公司使用发酵菌剂，可以加快秸秆腐熟，消灭有害菌。在水稻收获后，大田秸秆进行粉碎，将 1~2 kg 发酵菌剂加入适量红糖水进行活化，然后兑水稀释，将稀释液喷雾至稻田内再进行翻耕，翻耕前还可以撒施菜籽饼粉或豆饼粉，调节碳氮比，有利于秸秆腐熟；也可将水稻秸秆进行田间集中堆肥。

（六）除草技术

1. 生物除草剂

馥稷公司开发了两款生物除草剂——5%桉叶油可溶液剂和70%木醋液，主要通过使叶绿体层膜溶解造成细胞液漏出，使杂草的叶绿素合成中止，叶片着药后2~3 h开始变色，对单子叶和双子叶植物绿色组织均有很强的破坏作用。该产品为灭生性除草剂，但无内吸性，使用范围有一定限制，目前主要用于撂荒田及水稻田埂周边等，水稻移栽前期也可使用。

2. 生物可降解膜

使用生物可降解膜相较于人工除草，提高了除草效率，降低了高温作业的风险，缺点是插秧作业效率低于常规机插秧作业效率，降解周期受不同区域环境影响较大。

3. 米糠稻壳覆盖

水稻移栽上水后，通过撒施米糠和稻壳，在水面形成覆盖膜，起到遮光避草的作用。

五、企业服务模式

在实地调研和详细掌握客户需求的基础上，馥稷公司拟定全程生物防控施药方案和产品报价单，与客户协商签订技术服务协议或产品采购合同。馥稷公司在供应产品的同时，提供相应技术指导，开展集成技术服务。

基地调研：掌握基地种植品种及前期2~3年该地域的种植情况。

制订预案：结合基地生产和客户诉求，制订防控预案。

过程指导：水稻生育期内，关键防控节点到田指导，落实防控方案；遇到突发状况（如持续阴雨、高温、病虫暴发等）及时调整防控方案。

产后总结：水稻收获后，通过测产、品控、技术复盘等开展总结交流。

六、取得的相关成效

通过多年试验探究及客户实践，馥稷公司形成了较为全面、高效、专业的生物防控技术集成体系及储备方案，根据不同区域水稻种植基地面临的植保难点，因地制宜、把脉问诊，提出较为系统的解决方案，帮助基地提升病虫害监测水平及防治技术，降低生产管理风险。馥稷公司长期服务于上海松林米业、归来兮、江苏丰谷农业、沪新农业、中农新科、江苏沃宝、垄上行、玖源农业、上膳源、鸿逸泰农业等20多家有机水稻种植基地，为有机基地做好投入品来源风险把控，以其服务有机农业的专一性、专业性而在业内享有很高的知名度。

（一）企业效益

馥稷公司集成技术应用的开发，有助企业更好地与有机水稻基地合作，开展各区域有机水稻生物防控技术试验研究，提升全程生物防控方案的整体防治效果，加快馥稷公司核心产品及核心技术推广应用。

水稻基地通过集成技术应用，病虫害防治效果得到提高，水稻产量及出米率要高于基地自主选择用药，稻米品质有较大提升。

联合实施技术集成应用方案，水稻基地可以节本增效，更好把控用肥、用药成本以及投入品风险，降低了水稻基地监管成本。

（二）生态效益

生物农药是环境友好型的农药，取材于自然，可通过自然途径降解，对天敌昆虫、有益微生物及生态环境友好。生物防控技术能够减少对生态系统的负面影响，保护生物多样性和生态平衡。

生物农药及生物防控技术的应用能够推进可持续农业、有机农业、生态农业的发展，为农业的绿色、低碳发展提供技术保障。

集成技术应用可以明显提高稻米的品质和安全性，提升消费者的满意度。

（三）社会效益

集成技术应用可以帮助基地完善植保防控体系，提升基地植保人员的技术水平。

生物农药、生物肥料的使用以及生物防控集成技术的推广，是落实国家"双减"政策的有效手段，杜绝了化学农药、化学肥料的使用，保证了有机稻米的产品质量与安全。

馥稷公司编制了《水稻病虫草害生物防治技术手册》，为广大绿色、有机农业从业者解决生产实践中的植保问题提供了理论和技术支撑，有力推进了国内优秀生物农药产品在绿色、有机农业领域的普及和应用，使中国农业现代化采用"中国方案"成为可能。

　　为保护绿水青山，实现民生康健，馥稷公司将继续秉承"植物保健、和谐植保"理念，创新开发以植物源农药为主的生物农药产品，整合优质资源开展应用集成，以全程生物综合防控技术服务现代农业，为实现我国农业绿色化发展、打造健康中国作出积极贡献。

（编写人：祁星　王新华　杨硕）

参考文献

程式华，等，2022. 水稻技术100问 ［M］. 北京：中国农业出版社.

郭春敏，李秋洪，王志国，2005. 有机农业与有机食品生产技术 ［M］. 北京：中国农业科学技术出版社.

国家认证认可监督管理委员会，中国有机产品认证技术工作组，2012. GB/T 19630—2011 有机产品国家标准理解与实施 ［M］. 北京：中国标准出版社.

国家认证认可监监督管理委员会，中国农业大学，2017. 中国有机产品认证与产业发展（2016）［M］. 北京：中国质检出版社，中国标准出版社.

金连登，王华飞，朱智伟，2019. 中国有机水稻标准化生产十大关键技术与集成应用模式指南 ［M］. 北京：中国质量出版社传媒有限公司，中国标准出版社.

金连登，张卫星，朱智伟，2014. 国家农业行业标准 NY/T 2410—2013《有机水稻生产质量控制技术规范》解读 ［M］. 北京：中国农业科学技术出版社.

金连登，朱智伟，2004. 有机稻米生产加工与认证管理技术指南 ［M］. 北京：中国农业科学技术出版社.

沈晓昆，2003. 稻鸭共作无公害有机稻米生产新技术 ［M］. 北京：中国农业科学技术出版社.

吴树业，金连登，田月皎，2018. 中国有机稻田培肥与科学精准施肥技术应用指南 ［M］. 北京：中国农业科学技术出版社.